U0178141

Best of Urban Renewal ——Design and Analysis

城市更新优秀设计案例与评析

Best of Urban Renewal
—Design and Analysis

城屿演新 编著

中国建筑工业出版社

序　一

诚挚祝贺由“城屿演新”整理编辑的《城市更新优秀设计案例及评析》即将面世！这是“城屿演新”及创始人黄宜安女士多年来一直的追求和愿景，为促进中国的建筑设计、城市更新、建筑地产及传承所作出的杰出贡献。在此，我谨代表 AIA 美国建筑师协会上海 / 北京分会献上由衷的祝贺。

AIA 美国建筑师协会(以下简称“AIA”)成立于 1857 年，总部位于华盛顿，是美国专业的建筑师协会，负责提供政府倡导、社区重建、公共扩展、提高公共形象等支持建筑行业内容。

AIA 美国建筑师协会上海分会成立于 2012 年，旨在更好地服务 AIA 在中国工作的建筑师，扩展 AIA 与中国合作伙伴的关系，并帮助 AIA 在中国树立长久的品牌形象，更多地了解和深入中国市场。

作为国际权威专业机构的代表，AIA 及其上海、北京分会以专业的热忱，积极参与中国的城镇化建设。自改革开放以来，西方建筑师与城市规划师们，通过与国内设计团体的携手同进，将较为成熟的设计经验和运作体系，带入项目的规划、设计和更新中。

我们赖以生存的土地和生生不息的城市，处在不断更新的过程中，这是城市发展的必然，也是城市外部与城市内部的社会、经济、文化等各种因素相互作用的结果。愿我们有理想、有社会责任心的中外设计师群体，始终怀有对未来的憧憬和激情，以城市战略性发展的愿景，以人为本，平衡可见与不可见的不和谐，建造与更新并行，规划、设计和保护有机整合，使城市成为有“亮点”和“温度”的共同家园。

面对全球应对气候变化与低碳节能的倡议，中国碳中和所面临的挑战与愿景，城镇化和数字信息技术的广泛应用和发展成为趋势。中国的绿色低碳发展实践，以及对中国城市绿色低碳发展路径的探索和研究，为中国当代建筑带来新的理想和发展契机。无论是在中国深耕多年落地生根的建筑师，还是在实践中成长起来的美国建筑师们，以新的设计思想、方法和技术，协同参与，为中国城镇化有机健康地快速发展作贡献。

期待看到更多的优秀作品！

AIA 美国建筑师协会 2022 年主席
朱凯（Kathy Zhu-Schleiss）

序　二

城市更新——“历史”之于“当代”的意义

2022 年，REARD 品牌专注于城市更新领域的媒体平台“城屿演新”开启了城市更新领域的特别策划活动，其中包括携手中国建筑工业出版社出版《城市更新优秀设计案例与评析》一书。非常荣幸我能受邀为此书作序。

当前，中国的城镇化正处于关键的转型期，过去快速的城市建设取得了很高的成就，但也积累了一些问题，如空间结构的失序、城市特色的缺失等。社会经济生活的发展，需要产业不断地转型和升级；而城市，出于对自身文化的传承，又对历史文化遗产的保护提出了更高的要求。城市更新是否能更好地实现一系列的保护、改变与提升，成了所有参与者思考的内容。

城市作为有机的生命体，是不断变化的，“历史性”应当是城市更新的核心内涵。只有守住历史的真实，才能建立起其与当代的对立统一关系，才能确立历史之于当代的意义，同时，也能更加清晰地反映当代在历史长河中的价值和地位。我们应当将不同历史时期的人类活动在城镇空间上表现出来的层积性，作为认识城镇文化遗产价值完整性的出发点，既接纳了历史环境，同时也不排斥当代空间与建筑的意义表现。

这本书将提供给大家来自众多优秀设计企业、事务所的实践案例与相关评析。这些“历史”的实践给我们带来了非常有意义的“当代”启示，也非常感谢“城屿演新”的平台给各位读者通过本书博采众长的机会，相信未来可以有更多机会，与更多人一起，共同探讨城市更新实践的创新思路！

天华集团董事、总建筑师
上海天华建筑设计有限公司总建筑师
天华集团创作研究中心总建筑师
黄向明

前 言

随着中国城市化进程的不断推进，城市的发展从快速建设进入了精细化的更新阶段，这样一个漫长的演变过程中，发展的机遇与挑战并存，城市的空间和功能结构也在不断地迭代与更新，给城市建设者和实践者们带来了全新和复杂的挑战。如何延续、传承城市的发展脉络，在更新的过程中保留值得留存的城市印记和空间记忆，在已有结构的基础之上进行调整、重塑与再生，让功能分区不再割裂一方，而是让城市向更好的方向进发，成为功能高度混合、具有生活气息和人文关怀的理想宜居之城?

城市的更新改造，不仅是当下国内设计行业的重要趋势，也是发达国家城市已经经历和正在持续的必要发展阶段。更新领域的创新实践者汲取精炼、先进的开发经验，摒弃过往错误的理论和实践教训，通过城市规划、建筑设计和景观营造，塑造出满足当下时代需求及具有未来适应能力的城市人居环境，来实现更为深远的价值与意义。

作为专注城市更新的全角度、专业化独立媒体平台，城屿演新秉着开创精神和媒体的使命感，积极汇聚了一批在城市更新的设计研究和实践探索方面具有斐然成绩的作品，其中更有深耕领域多年，熟悉城市更新制度、设计协作制度的首批参与者的精选作品，它们展现了城市更新的能量和设计创新所蕴含的意义及价值。我们期望给聚焦未来城市发展这一重要命题的从业者们提供有力的实践参考，并希冀这本城市更新类图书的出版，能够为城市的更新发展进程提供助力和启示。

本书编写团队如下:

策划：黄宜安
主编：姜颍
美术指导：刘李晶
编委（中文姓名以拼音排序）：Hasan Syed、Roman Wittmer、蔡勇强、陈柏旭、陈晓宇、冯奇、顾天一、黄向明、黄紫璇、姜平、金鑫、李丹、梁伟、欧阳雪冰、戚鑫、沈浮、盛宇宏、孙晓龙、唐海培、滕露莹、田征、魏力、吴文博、吴欣、徐子苹、许春臣、薛升伟、叶如丹、张洁、张婧、张凯宜、张刘源、张男、张晓远、周嘉瑜

同时，我们以此书致敬城市更新领域的开创者、实践家和研究者，感谢为此书出版提供帮助的每一位支持者。整理、编辑的过程中，不足或疏漏之处在所难免，敬请广大读者不吝赐教。

目 录

第一章

商业空间

华润南京桥北万象汇

华润时代广场

萝岗万达广场

上海城开 YOYO 广场（上海汇民商厦改造）

上海广场

上海瑞安新天地广场

印力中心（原深国投广场）改造项目

西安大唐不夜城片区综合更新

华润南京桥北万象汇

一、项目信息

设计单位：（建筑方案）AICO
（建筑施工图）南京金宸建筑设计有限公司
（室内设计）PINHOLE
（景观设计）深圳市迈丘景观规划设计有限公司（metrostudio）
设计人员：（AICO）叶如丹、张婧、谢浩、刘鹏、袁虎成、陈金山、黄钺、王鑫、王聪敏、朱光远、张建磊
项目时间：2019~2021 年
项目面积：20347m²，100000m²（总建筑面积）
项目地点：江苏省南京市
摄　　影：方飞、张连兴

二、项目说明

● 背景

在历史遗产丰富、文化名胜众多的南京，1968 年建成通车的南京长江大桥仍然是重要的地标和城市象征。矗立于江面之上半个多世纪的它，是第一座由中国自行设计和建造的跨长江公路、铁路两用桥，从此连接了江南主城与江北新区， 贯通了始建于清末的铁路，并且如今成为京沪线的一部分。它不仅在桥梁史和中国基建发展史上具有卓越的意义，更是民族自豪感的载体。雄伟的“三面红旗”桥头堡、具有时代特征的工农兵雕像、“天堑飞虹”的磅礴气势，大桥的一切早已成为承载几代人情感与记忆的符号。

毗邻大桥北侧的南京桥北万象汇是一个中型体量的购物中心改造项目，该项目原为乐都汇购物中心，结构封顶后停滞数年，而后由华润置地有限公司（简称“华润置地”）接手。此次改造的目标是打破重重局限，抓住江北新区的发展机遇，从而带动江北商业升级。

● 挑战

原建筑体量约 100000m²。AICO 团队介入该项目时，首先，思考如何在这样的中型体量中注入足够丰富的体验感，并创造能适应未来变化的灵活性，以应对来自周边大体量商业项目的竞争。其次，建筑道路退界距离过大，失去了宜人的步行尺度，且周围交通拥堵，不利于

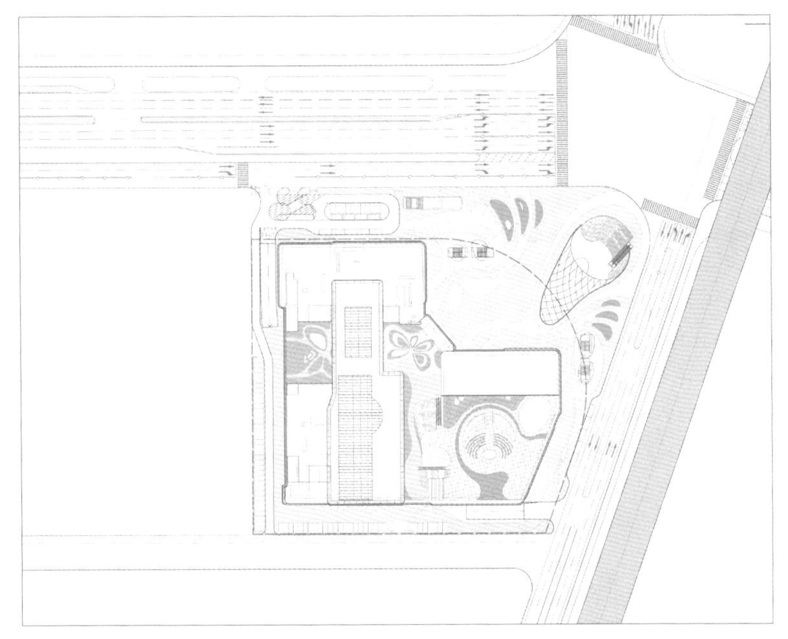

图 1-1-1　总平面图——原建筑退界距离过大，失去宜人的步行尺度。改造调整原有地库出入口位置，创造了一个将地下商业空间分别与地铁和地面连通的下沉广场

立面：采用棕色折形铝板，如同贯穿整个建筑的暖色能量带，与大桥呼应

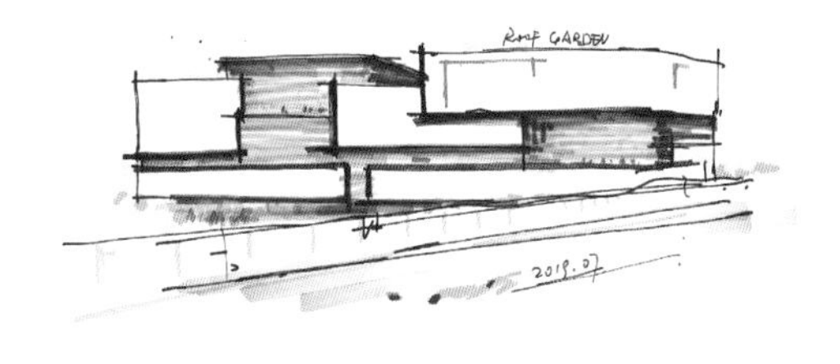

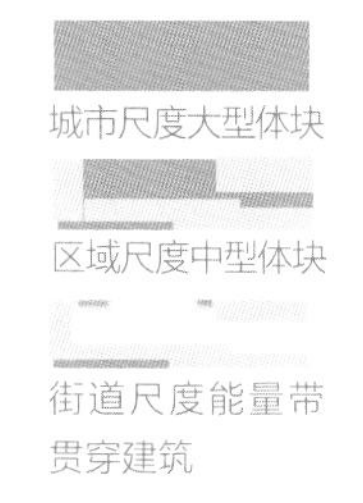

剖面：打破原有上下对齐的呆板形态，塑造多样的情境空间

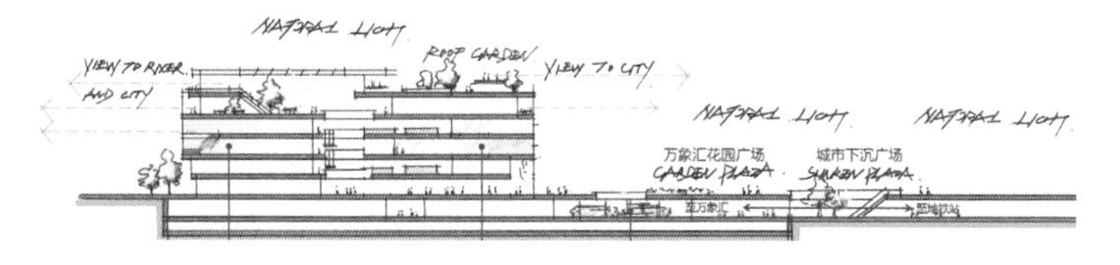

图 1-1-2　项目立面图、剖面图

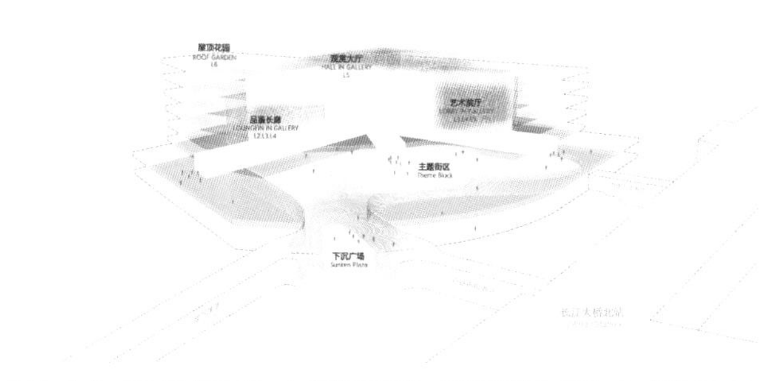

图 1-1-3　项目改造亮点：1. 多维度串联、高效开放的空间；2. 打造多层次空间体验的主中庭；3. 引入城市景观的城市客厅；4. 屋顶花园

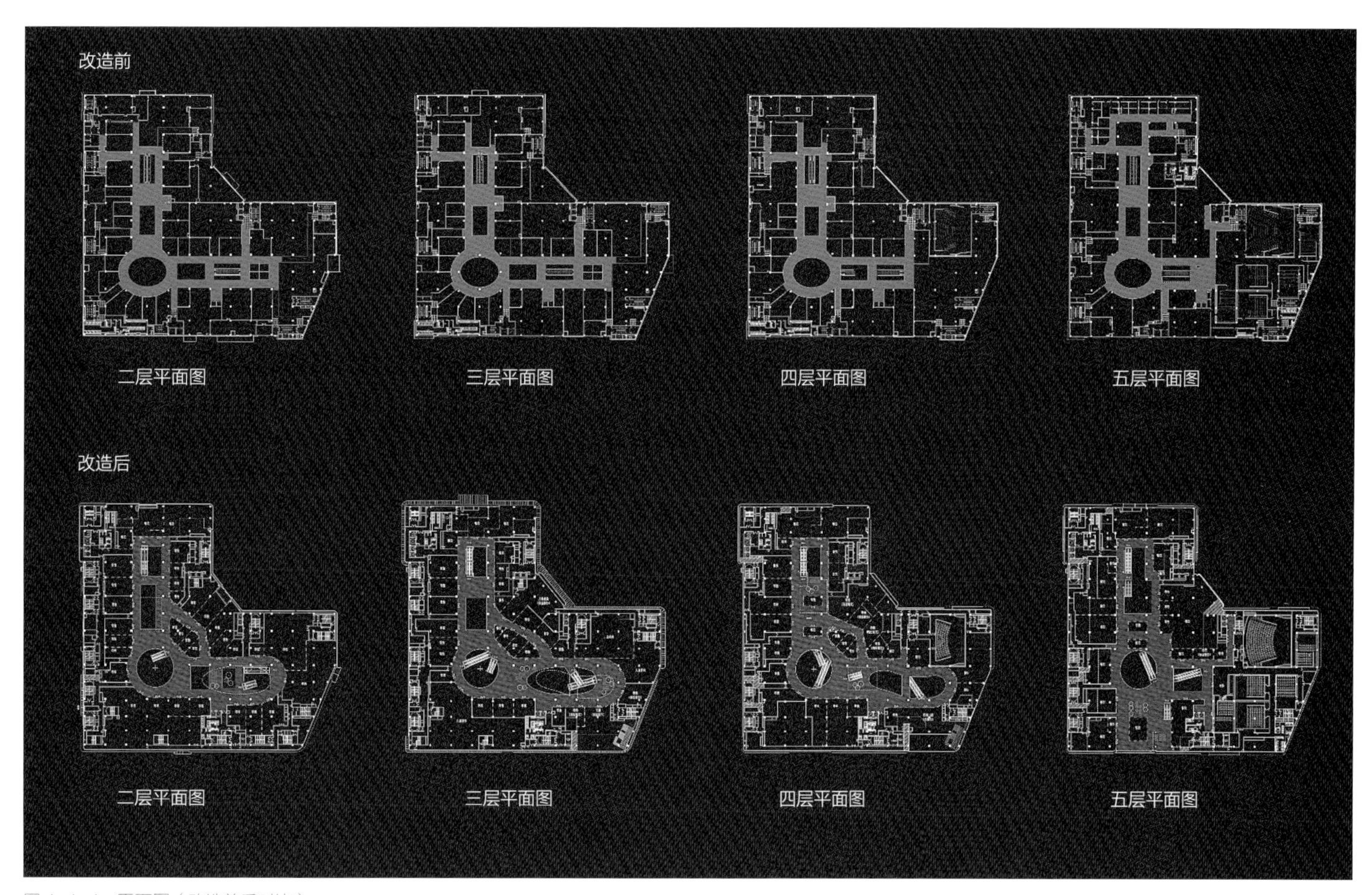

图 1-1-4　平面图（改造前后对比）

人气聚集。结合未来地铁线路的开发，设计师需要给出最佳的交通流线策略。最后，由于天然的“与桥共生”的独特地理位置，AICO 团队希望能把握这一特性，让建筑能与大桥和城市展开对话，使其成为一个具有场所精神的城市客厅。

● 改造策略

整体改造策略紧扣“桥见万象”的概念。设计的初衷是在空间、业态、形象上与大桥产生互动，激发出城市的活力，并向每天穿梭于桥面的约 10 万辆汽车展示建筑独特的魅力。而在这个场所内部，人们可以以全新的视角远眺大桥、展望城市。

图 1-1-5　整体改造策略紧扣“桥见万象”的概念

（1）多维度串联、高效、开放的 TOD（transit-oriented development，公共交通导向开发）

建设中的 S8 号线南延线与地铁 11 号线将汇聚于项目地下。场地原地库出入口位于项目主入口正对的街角，阻挡了人行流线，也阻碍了与地铁的连通。基于以上条件，设计师调整了地库出入口位置，预留了地铁连接通道，在街角创造了一个将地下商业与地铁和地面连通的下沉广场。通过多维度空间串联不同标高，各层人流可以更快速地进入建筑空间。结合情景营造的下沉广场和延伸至建筑内的天光顶棚，可将光线引入 B1 室内区域，同时与地铁无缝衔接，让这个区域成为一个开放而活跃的人气聚集地。

图 1-1-6　改造前后鸟瞰对比

（2）多层次体验移步异景的城市客厅

建筑内部以主挑空空间为连接，原有上下对齐的呆板形态被打破，以分区方式塑造多样的情境空间。整体上的动线安排给予顾客移步异景的视觉体验。在第五层，原有建筑南侧立面被打开并抬升为 10m 高的挑空空间。雄伟的长江大桥如画卷“嵌入”这个恢宏的空间，形成极具记忆点的大桥观赏点和整个项目的亮点，人们可以从中庭的各个角度欣赏这一壮阔景观。

图 1-1-7　城市客厅

屋顶机电设备被集中布置后，空间释放为令人心旷神怡的屋顶花园。沿五层东侧扶梯可到达户外六层——免费开放的亲子乐园，服务广大家庭。拾级而上，行至七层，迎来了建筑的最高点。在这一层，设计团队将屋顶的完成面处理成与立面齐平，让立面朝向大桥的一面完全打开，加强了观景体验。络绎不绝的来访者在此打卡留念，站在全新的空间角度致敬历史风貌，延续对城市的热爱。

图 1-1-8　东侧主中庭改造前后

图 1-1-9　北侧主中庭改造前后

(3) 尊重文脉，激发活力，桥见万象

原本封闭暗淡的建筑变身为大桥边充满活力的场所，其三至四层立面采用的棕色折形铝板，如同贯穿整个建筑的暖色能量带，兼具活力与亲和力。立面上部的彩釉玻璃灯箱在夜间呈现发光效果，与大桥交相辉映。

在材料上，建筑上部的彩釉玻璃远看是一个整体的面，近距离观察则有条纹肌理感，质感更为丰富。中部能量带结合了棕色铝板和高透玻璃，强调开放性。下部以玻璃和铝板为主要材料，在入口两侧按照双层店铺的效果进行设计，简洁而大气。

图 1-1-10　南立面改造前后对比

图 1-1-11　北立面改造前后对比

● 结果

改造后的建筑是华润置地在南京的首个“万象系”项目，同时也是致敬历史风貌、“缝合”城市肌理、提升区域活力的组成部分。

图 1-1-12　屋顶花园

三、专家点评

南京长江大桥是南京重要的城市地标，承载了几代人的情感与记忆。长江大桥本体在经过更新改造之后，恢复了原本跨江通行的交通基本功能，同时也重新焕发了历史价值、文化价值与生活价值。这在城市“存量更新”的发展和遗产保护利用的过程中，引发人们不断思考城市更新本体的存续方式和在文化名片建构中承载的时代价值。

南京桥北万象汇，是一个位于桥北、正对大桥的综合体改造项目。在桥上车行远眺，其醒目的标识，一方面对桥上的行人具有鲜明的引导性，另一方面也以一种特殊的角色融入了更大的城市景观。这种天然“与桥共生”的姿态，让建筑在更新伊始，即以一种特殊的文化与景观角色融入历史沉淀下的巨大画境。

老旧建筑改造，带来的不仅是建筑生命的延续，更是在注入了新鲜的城市功能、业态的基础上，全面融入城市系统的过程。TOD 物业定位下空间的高效整合，在提升其城市坐标辨识度的同时，带动了人流、物流、信息流的高速流动。建筑更新在提升了区位、地块与建筑本体价值的基础上，进一步拉动了地块周边的城市活力与 TOD 全线的整体价值。大量来自浦口、主城、江宁的居民，不约而同地以公共出行的绿色方式抵达。城市的高效流动与运转让距离远近不再是障碍，TOD 的地块更新加速带动了城市发展的新动能。

建筑的再生不仅在于外在形象的推陈出新，更是对公共空间的全新探索。内与外的公共系统建构，不仅是在寻找一种体验路径，更是在建筑的不同角落，以空间释放的方式，激发各种人与人、物与物、空间与空间交互的层级系统。从地下空间衔接的城市广场，到中庭空间贯通的商业核心，再到屋顶花园的空中客厅，人们可以体验空间的不同价值与功能。建筑，成为一个小的城市，在旧建筑的连廊、中庭、机房改造后，塑造了各种让人驻足的景观平台、亲子乐园、屋顶花园……从逛街购物的日常到与桥共生的惊叹，从白天的平台游戏到夜晚的城市灯火，重生的建筑孕育了新的生活场景。

不难发现，当商业的起点不再仅是商业本身，而更多聚焦于文化、历史、空间与生活，其综合价值的集中呈现，则自然带来了巨大成功。万象汇的更新改造，即如此。

东南大学建筑学院副教授、副院长　朱渊 博士

华润时代广场

一、项目信息

设计单位：（景观方案）澳洲艺普得城市设计咨询有限公司 (iPD)
（景观施工图）上海景观实业发展有限公司
（建筑方案）NENDO（佐藤大工作室）
（建筑施工图）上海天华建筑设计有限公司（简称“TIANHUA 天华”）
设计人员：Marius Brits、刘晓琦、张渊峻、李玉凤、李学森、严琳、崔文睿、韩蕙阳、程恋斐、程琪
项目时间：2018~2019 年
项目面积：8000m²
项目地点：上海市浦东新区

二、项目说明

华润时代广场始建于 1993 年，位于上海市浦东新区陆家嘴商圈核心地段，开业 20 多年来承载了上海一代人对商场的记忆。2017 年时代广场启动全馆改造，作为改造项目，项目的认知成本相对新项目较低，但是对设计的挑战却更大。面对如今陆家嘴商圈众多的商业竞争者，改造后的时代广场精准定位为服务女性精致生活的广场，建筑、室内和景观设计均以此作为切入点。

景观利用场地高差的特色营造出雅致的漂浮感，使整个建筑被景观轻轻托起。漂浮的景观犹如舞台，让行人从一开始踏入就沉浸在剧院的氛围中。解决场地高差的同时，有效地将原有的市政通风口和人行通道出入口隐藏在“漂浮”的边界下。

聚光灯的效果被引入景观的铺装与灯光设计中。铺装运用线条的重叠与组合，形成光与影，散落于场地，商场入口区域利用材料肌理变化营造光晕的效果。黑、白、灰三种颜色的铺装随着入口方向的不同，交错延伸排布，对行人行走路线起引导作用。圆形的铺装图案，犹如聚光灯下的光晕。越靠近商场入口的地方铺装颜色越浅，犹如幕帘拉开，聚光灯沿帷幔射出的第一束光。

晚间，两侧的商业主入口如同两个秀场与室内剧场相连接，吸引人的目光。仿真实聚光灯灯效的照明与互动浸

图 1-2-1　铺装改造后

图 1-2-2　南门改造前

图 1-2-3　南门改造后

图 1-2-4　南门改造后

入式照明在主入口广场呈现其效果。广场上的一个个光圈在傍晚与铺装交相辉映，人们身处光晕中，就像置身舞台的光环下。

屋顶延续地面层的概念，形成一个露天的舞台，使这场景观的演出在最高点划上一个完美的句号。整个屋顶依然以圆形为主，用曲线将有限的空间分割成不同的功能，来满足不同人群的使用需

图 1-2-5　北门改造后

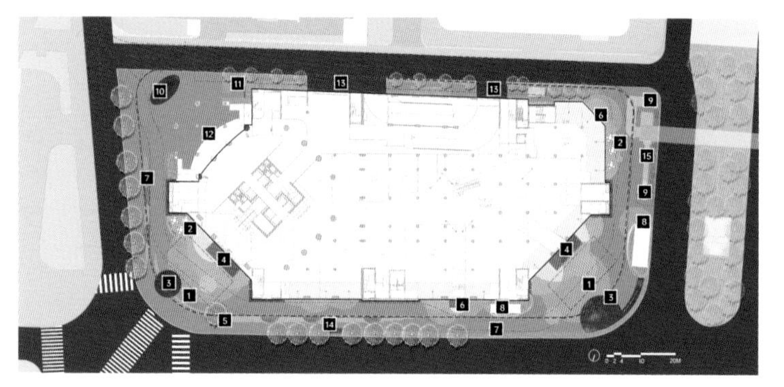

图 1-2-6　总平面图

1 主入口广场　5 点景树　9 天桥入口　13 地库及后勤出入口
2 外摆区　6 商场次入品　10 办公水景　14 公交车站
3 展示互动水景　7 绿化漂浮边界　11 吸烟区　15 非机动车停车位
4 商场主入口　8 地下通道出入口　12 办公入口

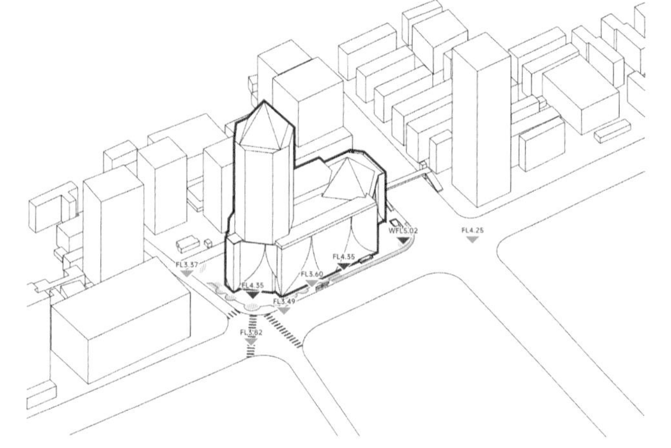

图 1-2-7　设计概念

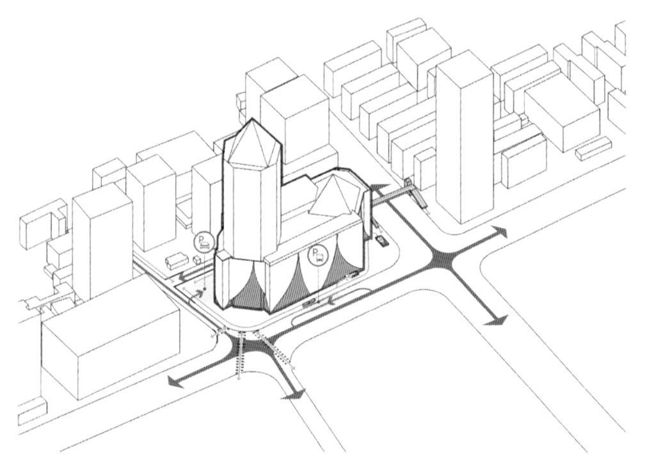

图 1-2-8　流线分析

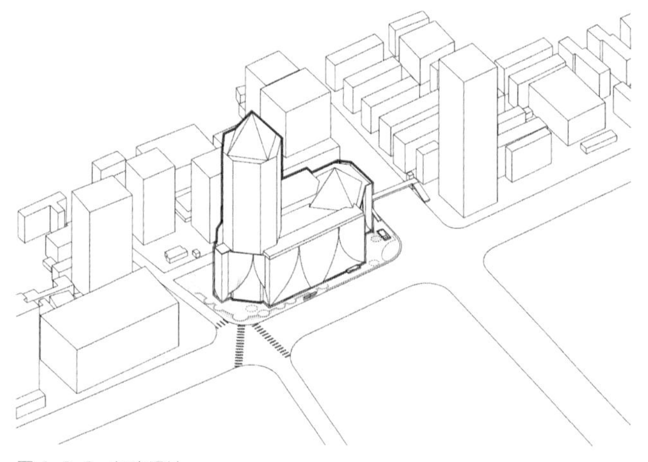

图 1-2-9　灯光设计

求。一整面墙的半圆形木质退台座椅是整个屋顶最大的亮点，实木的座椅面与金属的侧板的结合，让不同性质的材料在使用舒适的情况下又体现了现代感。圆形的树池完美遮挡了所有的转角，使得屋顶的活动更加安全，丰富了人的活动流线，同时满足了VIP 室外花园的私密需求和餐饮的休闲需求。

图 1-2-10　屋顶花园改造后

三、专家点评

在华润时代广场改造项目中，NENDO（佐藤大工作室）创造性地提出了“美丽剧场”的设计理念，并将之融入建筑与室内设计。设计项目成功与否，取决于是否将这一理念融入设计的方方面面，项目整体语汇是否一致，景观设计就是其中重要的一环。

改造前建筑周边场地如同建筑本身，历经了二十几年的变迁，早已衰败。景观设计团队在整合基本流线、通道、管井、高差等技术问题的同时，充分发掘剧场理念，成功提炼了“漂浮舞台”及“聚光灯”等剧场特有的元素，并将之融入场地铺装和场地照明设计中，结合建筑外立面的帷幕及灯光，营造出梦幻般的氛围，使人们驻足流连。在办公场地及屋面景观设计中，这些元素也得以应用。在这个项目中，景观设计的细节处理不仅关注了设计理念是否被贯彻，形式母题是否得到回应，还关注了人们的场所感受。无论是商业主要出入口景观节点的引导，还是外部场地高差处理中的细节，包括尺度适宜的花池、台阶下的灯光、简洁而富有质感的金属扶手、屋顶露台处通过圆形树池进行视线遮挡，这一切都让商场的外部空间在场地有限的情况下形成了让人舒适的场所划分。这些场所在经过景观设计的改造后，有了更明确的或公共性或私密性的体验，这些人性化的设计是项目非常成功之处。

天华集团副总建筑师、TIANHUA 天华执行总建筑师　吴欣

萝岗万达广场

一、项目信息

设计单位：广州亚美建筑设计有限公司（简称“AIM 亚美设计”）
设计人员：陈晓宇、Ignasi Hermida Tell、樊树长
项目时间：2018~2019 年
项目面积：86000m^2
项目地点：广东省广州市

二、项目说明

为提升广东省广州市的萝岗万达广场形象，AIM 亚美设计承接了其外立面改造的设计工作，从方案到施工图，对之进行外墙的“美容换肤”。改造工程完成后，萝岗万达的外观有了质的飞跃——新立面凹凸有致、色调大气柔和，材质以石材与玻璃为主，建筑整体增添了端庄、典雅的气质。萝岗万达重新开业后，客流如织，其灯光效果更是成为黄埔区极亮眼的夜景，外形与“广州科学城中心”的定位吻合，成为商业综合体改造的特色作品。

原项目外立面以曲线为主，强调建筑的线条感，由于外立面造型过于统一，建筑立面造型较为单调，因此项目改造保留少量钢龙骨，对立面进行重新设计，以体块堆砌镶嵌的形态，通过石材、铝板、玻璃等不同材质的运用，表现建筑立面的丰富度和韵律感。

图 1-3-1　改造后 1

图 1-3-2　改造后 2

图 1-3-3　改造后 3

图 1-3-4　改造后 4

图 1-3-5　改造后 5

外立面线条简洁，通过体块堆叠使得建筑层次分明，阵列形式的石材赋予立面韵律感，内嵌的幕墙灯带凸显夜间的建筑形态。

入口处大量采用玻璃幕墙，与周边石材墙面形成虚实对比，彩釉形成的纹理图案为建筑增添了美感，室内灯光使建筑整体更有辨识性。

图 1-3-6　改造后 6

图 1-3-7　改造后 7

三、专家点评

萝岗万达广场的外立面改造设计，在简洁大方的建筑形体基础上，加入现代手法，如同雕琢了一个晶莹剔透的水晶盒，在传承当地文化的同时，融合了现代审美，富有现代感。改造除了关注项目自身商业价值的可持续创造之外，在立面设计上，整体造型硬朗、简洁，与“广州科学城中心”的气质吻合。设计师更多地思考项目与城市形象的衔接，借其地缘之优，聚其人气之本，以追求更好的商业氛围，营造出地标性较强的商业建筑。

李仲亮

图 1-3-8　改造后 8

图 1-3-9　改造后 9

图 1-3-10　改造后 10

图 1-3-11　改造后 11

上海城开 YOYO 广场（上海汇民商厦改造）

一、项目信息

设计单位： TIANHUA 天华
设计人员： 吕淼、徐丽娟、邱磊、冯博、张小连、徐绍霞、杨军、沙高峰、孙婧、沈昊杰　等
业主单位： 上海实业城市开发集团有限公司（简称“上实城市开发”）
项目年份： 2019 年开业
项目面积： 13739m^2
项目地点： 上海市徐汇区
摄 影 师： 田方方

二、项目说明

上海城开 YOYO 广场位于徐家汇历史风貌保护区，紧邻城市核心商业圈，其前身是始建于 1995 年的汇民商厦，原有商厦存在建筑风格混乱、空间结构失序、商业业态陈旧等诸多弊端，已无法适应日新月异的城市与生活功能需求，整体更新改造亟待进行。

改造在尊重城市文脉与记忆的基础上，传承并注入全新的价值点，原有建筑在转角处设置了圆形楼梯间，这是 20 世纪 90 年代较为流行的建筑手法，也是汇民商厦给老上海人最强的记忆点之一。因此，更新改造也将“延续城市转角空间记忆”作为切入点展开街角的空间重塑，在保留原有立面构成比例的基础上，通过简洁的现代语汇进行整合。转角整体采用通透的玻璃幕墙材质，并将入口发光雨篷与转角玻璃无缝衔接，有机地组织了建筑与街道和城市之间的界面关系，实现完全通透、与人群自然互动的全新街道转角。外立面铝板幕墙局部采用穿孔解决新风取风问题，结合防坠落栏杆与跳跃处理开启扇，使建筑近人尺度在保持一体性的同时，营造出积极、活跃的外观效果，通过增强整体性与体量感，使其从周边商业建筑中脱颖而出。

为了积极响应全过程工程咨询建筑师负责制的号召，项目更新改造以整体思维贯穿设计始终，建筑设计团队全程参与从前期方案策划、深化改造到施工落地的全过程，主持协调结构、电气、暖通、给水排水等多专业完成协

图 1-4-1　转角空间改造前后对比

同一体化更新设计，完美克服了原建筑场地局促狭小、结构破损严重、承接验收情况复杂等诸多难点，实现了全过程、高品质、精细化的落地呈现。设计在最大化保留原有柱网的基础上，重设建筑结构内专用井道至楼顶，通过合理优化机电系统和机房布置，最大化降低改造成本，结合防火剩余电流动作报警、防火门监控系统、消防电源监控等绿色智能系统引入，有效降低了后续运营和长期维护成本，将项目打造为节能减排和低能耗的绿色建筑。

图 1-4-2　入口雨篷与转角玻璃无缝衔接

作为“十三五”期间徐家汇地区的重点改造项目，上海汇民商厦改造工程——上海城开 YOYO 广场现已升级成多元创意综合体和都市文化先锋集萃地，一层到四层为精致餐饮、时尚潮物，五、六层为联合办公区，七层的 The Boxx 剧场营造智慧文化演艺体验场景，商场室内的中庭和休闲内街整合出生动的空间记忆节点，大幅增加了人流休憩与交流空间，多元全新的业态和焕新的空间体验共同汇聚了最时尚潮流的人气，使上海城开 YOYO 广场真正成为多元、面向未来的市民公共空间。

图 1-4-3　整体鸟瞰

图 1-4-4　建筑外立面

图 1-4-5　时尚多元的室内空间

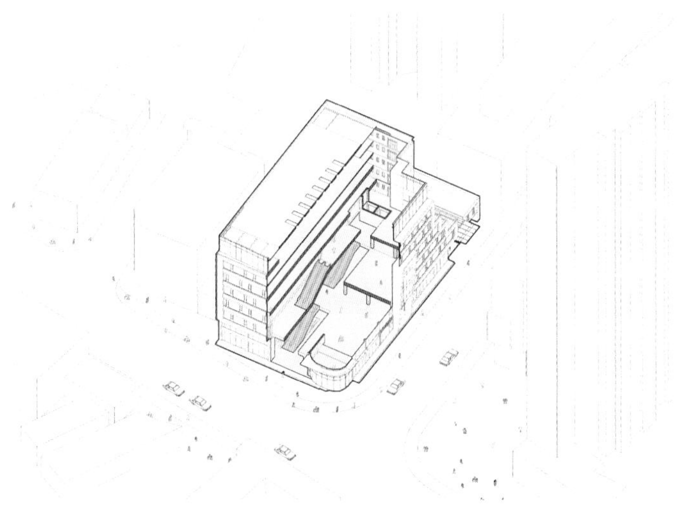

图 1-4-6　功能规划分析

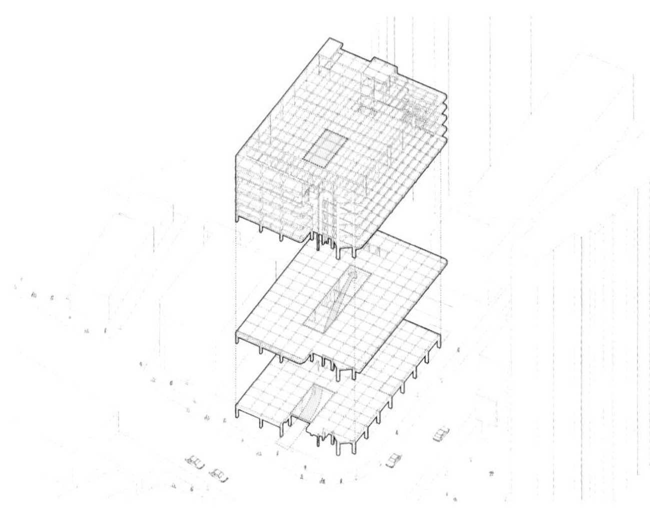

图 1-4-7　结构更新调整分析

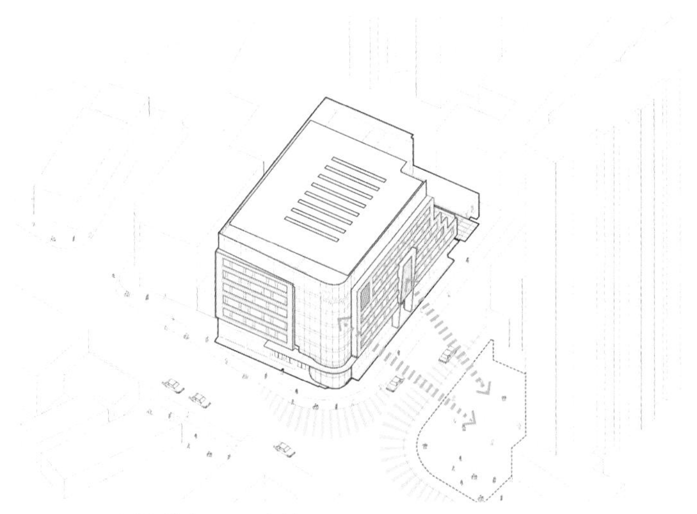

图 1-4-8　建筑与城市界面互动分析

三、专家点评

上海的城市更新已步入以反映新时代要求、承载新内容、重视新传承、满足新需求、采用新方式为特点的城市“有机更新”新阶段。对于开发商上实城市开发而言，在评估汇民商厦改造项目时，除了地理位置和交通通达度等基础要素外，改造后项目的用途是否与周边区位条件相契合，能否与区位价值相匹配，也是重要的考量要素。

重新定义并新命名的上海城开 YOYO 广场，设计不仅有效改善了老旧建筑的软硬件设施，更通过重新定位和精巧规划，突出其特质，通过整治、改善、保护、活化、完善基础设施等方式完成更新，包括沿街立面更新、环境净化、公共设施改造等，此类的重中之重是不改变建筑主体结构和使用功能，实现因地制宜，焕发社区活力，使该项目可以在出租率和租金方面向徐家汇商圈优质商业看齐。

设计构思中充分把握了新生活方式和公共空间品质的需求，上海城开 YOYO 的设计主打社交和健康概念，强调以人为本，围绕社区构建生活圈，增强公共空间的品质和人性化的场所体验。

戴德梁行项目管理服务部中国区主管　侍大卫

上海广场

一、项目信息

设计单位：（景观设计）上海五贝景观设计有限公司（简称"五贝"）
（建筑 / 室内设计）佩里克拉克及合伙人建筑师事务所（PC&A）
（建筑施工图）TIANHUA 天华
（施工单位）上海绿神生态园艺有限公司
设计人员：（五贝景观）田征、Mark、张靖、刘翔宇、刘强、金钱勇、孙霞、赵艳、茹培旋
业主单位：融创上海区域、美罗集团、华凌集团、COLLAB 御沣
项目面积：3100m²（展示区）
项目时间：2019~2020 年
项目地点：上海市黄浦区
摄　　影：科尔创意摄影

在城市发展历程中，每一代人的生活痕迹和生活中属于这座城市的特别记忆，是任由时代的变迁让"它们"渐渐逝去，还是通过设计赋予回忆中的空间以新的格局和生命?

图 1-5-1　上海广场

图 1-5-2　改造前实景图

二、项目说明

● 项目背景：黄金地段的激情商业

上海广场位于淮海中路商圈的"东起点段"，是一座国内鲜见的以城市名称直接命名的商业项目，始建于 1900 年的淮海中路，至今恰好 120 周年。中国的城市街巷中，似乎没有哪一条街如淮海路（旧称霞飞路）一般将东西方人类最前沿的文明兼收并蓄，生出世间独有的"摩登上海气质"。

20 世纪 90 年代的上海广场是一个以零售和餐饮为主的商业项目，传统而单一，设计老旧，体验感不强。它更多的是满足周边居民和普通办公人群的需求，提供传统、单一的商品及服务。

此次上海广场的改造升级，首次创新地打造了一个无边界的艺术消费空间，让国内外前沿的当代艺术、文化与生活美学空间在这个"异质容器"中进行碰撞，开创了集消费、办公、艺术、文化、创意等多维度于一体的商业模式。

图 1-5-3 淮海路（旧称霞飞路）夜景

● 设计理念：美好“包裹”生活，艺术点燃“星空”

上海广场项目不仅有 120 多年的历史沉淀，而且在这一场城市复兴的改造过程中，项目升华为艺术氛围下的城市新生活客厅。在时间的长轴里，既有曾经的繁华底色，又有新生的价值见证，涵盖消费、办公、艺术、文化、创意等商业生活模式，是一场让美好“包裹”生活的尝试。艺术点燃的“星空”下，“美好生活”早已超越了传统的定义，呈现出更多的含义和希望。

● 设计思路：商办同圈，多元社交

新的时代、新的客群、新的审美、新的品牌，新的业主——由融创上海区域、美罗集团、华凌集团、COLLAB 御沣四个集团强强联手，在 2020 年这个特殊的时间节点下“归零重启”，一起开拓新的时代篇章。

“重新出发”的上海广场，以“商办同圈，多元社交”的理念为基调，着眼于更多“社交 · 眼界 · 玩味”（Social/Horizon/Play），聚焦多元化的客户群需求，发掘时间轴上的多点客户群分布，在“全天候”及“多族群”方向上进行深度研发。

对于景观而言，我们将“商办同圈”划分为五大系统：空间系统、绿化系统、导视系统、视觉焦点系统、灯光系统，这五大系统从商业和办公的需求中找到共同点。办公和商业共有的休闲圈、灯光和视觉导向的一体化、视觉焦点和品牌的展示，材料的质感和色调、绿化的配置与层次、空间的尺度与氛围，一切从“美好生活”的角度出发，我们在此工作，在此生活（we work, we live）。

图 1-5-4　改造后实景图

● 艺术点燃“星空”

设计师从景观设计的主题立意与设计形式，城市界面的功能与形象，现代艺术激活社交属性三个层面来打造这座潜力巨大的城市文化情怀地标。用艺术颠覆传统的商业空间与模式，丰富大众的

图 1-5-5　改造前

图 1-5-6　改造后 1

图 1-5-7　改造后 2

图 1-5-8　改造后 3

图 1-5-9　改造后 4（组图）

沉浸式体验，用贯穿整个场地的艺术设计手法，唤起大众对美的感知与共情，点燃整片“星空”。

（1）“星空”景观主题演绎

在上海广场的景观设计中，设计师以“星空”为主题。每一颗星星都代表繁华都市川流不息的人群，一方包容一切的星空，缔结千万微弱光芒的你我。整个场地的外围空间，灯带设计形成包裹建筑的环形“星河”，渲染出梦幻、美好的情感基调，为充满激情的商业作铺垫。

地面设计围绕“星空”主题，以曲线形的铺装来统一主题，以有节奏的变化吸引人流进入活动场地。以硬质瓷砖铺装搭配不同的图案，几何形的铺装辅以 LED 发光地砖营造围绕建筑的环形“星河”，映衬出商业广场独特的艺术气质，吸引人们在此停留。

（2）以“多元社交地标”的理念整合城市界面

城市商业体应当是一个融合都市休闲、商务交际、文化艺术、生活社交、人文情感等城市生活内容的公共载体。“人”是重点，所以在城市界面的景观设计中我们充分围绕“人”的属性铺开设计。淮海路入口的设计，充分利用整个公共场地少有的进深空间，同时结合建筑立面的改造效果，营造“星云”广场的主题空间，为未来的主题商业活动预留了多种可能。

在淮海路一侧城市界面的改造中，设计调研了场地人流的习惯性行为。景观设计利用小尺度的高差与绿化，界定了城市道路与商业道路的人行空间，使两种不同节奏的通行需求互不干扰。同时又充分地展示了淮海中路流光溢彩的城市街景。

图 1-5-10　改造前（淮海中路近普贤路入口）

图 1-5-11　改造后（淮海中路近普贤路入口）1

图 1-5-12　改造后（淮海中路近普贤路入口）2

图 1-5-13　改造前（淮海中路沿街）

图 1-5-14　改造后（淮海中路沿街）1

图 1-5-17　改造后（淮海中路龙门路入口）

图 1-5-15　改造后（淮海中路沿街）2

在淮海路龙门路入口的景观设计中，设计师以建筑景观一体化的设计手法打造项目完整的界面效果。将人行室间景观环境与建筑立面艺术展陈相互融合。整体设计突破了城市空间局促的场地限制，又形成了项目名片式的城市地标形象。

在龙门路金陵东路入口的设计中，设计师刻意整合了公交站点并保留了 4 棵 20 年树龄的香樟树，保留了“老上海”人记忆中的城市空间。以这组见证时代变迁的大树打造项目的情怀地标，同时将金陵东路一侧的市政绿化带改造为一处充满绿色的公共艺术展示平台。充满时代感的现代艺术氛围与充满记忆和情怀的大树之间的碰撞与交融，重构了城市空间，见证了“上海广场的历史与未来”。

高密度的城市空间会催生人们对于自然景观的向往。在金陵东路一侧城市界面的设计中，设计师充分考虑到周边人群对于大自然的绿色的渴望。利用金陵东路绿化带作为视觉背景，结合建筑层层退台的绿色建筑理念，营造出一片“慢节奏，深绿色”的城市休闲空间。

图 1-5-16　改造前（淮海中路龙门路入口）

图 1-5-18　改造前（龙门路金陵东路入口）1

图 1-5-19　改造后（龙门路金陵东路入口）2

图 1-5-21　改造后（金陵路沿街）1

图 1-5-20　改造前（金陵路沿街）

（3）现代艺术激活社交属性

不同于线上消费的虚拟体验，线下商业更重视感官享受。因此，在外景布置时，考虑到广场的尺度要为艺术品预留足够的展示空间，设计师试图用艺术品克服消费者对于购物中心的审美疲劳，吸引消费者更多地停留在商场内。在邻接广场的种植池，选择平

图 1-5-22　改造后（金陵路沿街）2

整的草坡以预留一定面积的摆放空间，预设多重感官刺激，邀请人们走进上海广场。例如，以大型艺术雕塑展示的商场出入口是出片率很高的拍照首选地，也能让美好的瞬间在有限空间里留下记忆，带来别样趣味的生活体验。

图 1-5-23　艺术雕塑《GOTCHA》（Steve Harrington，2020 年，玻璃钢、喷漆，590cmx245cmx700cm）

● 结语

“美好”包裹生活，艺术点燃“星空”，五贝用设计点亮城市生命力，探索新型商业空间，在城市更新的道路上，让美好生活无限延伸。

三、专家点评

上海广场一直是淮海时尚街中的重要地标，此次重塑为“无边界的艺术消费空间”，极好地实现了历史传承与现代演绎的融合。面向淮海路的广场空间是项目的特色空间。新的入口空间不仅形成了更具几何美学的设计语言，并结合 LED 发光地砖构成“星云”景观，未来可成为新的吸睛主题和打卡胜地。4 棵香樟树的保留令人惊喜，可以在静谧午后重温老上海的味道。灵动地利用高差设计，合理划分了商业流线和行人流线，同时营造了垂直景观。焕新升级的上海广场将使淮海路步行精品购物商圈更加完整，艺术主题与上海 K11 购物艺术中心相得益彰，为有品味的人群提供更具吸引力的空间。设计和硬件全方位提升的办公楼也将具备极强的市场竞争力，为多元化的企业提供上海高水准的商务空间。

高力国际华东区咨询服务董事　刘行

图 1-5-24　改造后

上海瑞安新天地广场

一、项目信息

设计单位：（建筑方案 / 室内设计）UNStudio
（全专业扩初 / 施工图 / 露台景观设计）TIANHUA 天华
（室内设计）Kokai Studios
联合设计： Kokai Studios
业主单位： 瑞安集团
设计人员：（UNStudio）Ben van Berkel，Hannes Pfau 等项目团队成员
（TIANHUA 天华）黄向明、吴欣、杨永刚、宗劲松、王垟、章静、聂云、王峻强、陈涛、王榕梅、王关越、王晓宁　等
项目地点： 上海市
项目面积： 26900m²
项目时间： 2018 年建成
摄 影 师： 马克 · 西格蒙德（Mark Siegemund）

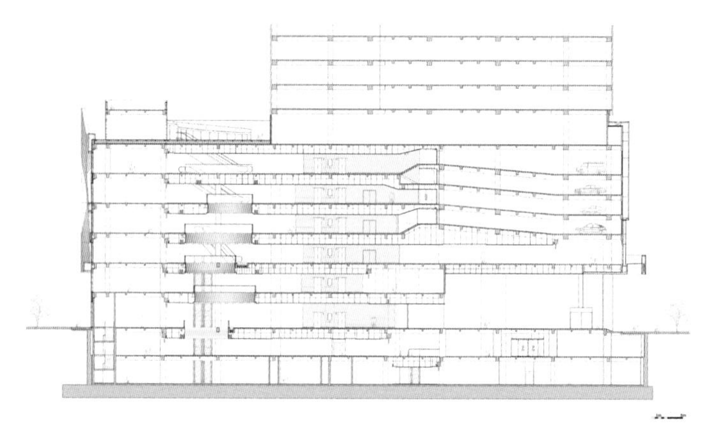

图 1-6-1　剖面图

图 1-6-2　室内无边界漫步空间 1

二、项目说明

上海瑞安新天地广场地处核心地段淮海路，连接上海最重要、繁华的商业中心，项目是在原太平洋百货基础上的整体更新升级，旨在打造通往新天地的门户，形成国际高端街区淮海路与石库门建筑传统生活方式的完美融合。

原有旧建筑存在前广场退界大、西侧和南侧无入口、内部竖向交通凌乱、建筑结构及核心筒陈旧等诸多弊端和改造难点，上海天华建筑设计有限公司参与了从方案到验收竣工的全过程，通过建筑、室内、结构、暖通、机电、给水排水等多专业协同一体化设计，以“降低对非拆改区域的影响”和“保障非改造区域的正常使用”为原则，实施分步改造，最终在严苛的建筑改造条件下，通过精细化设计把控，完成了设备更新与新老系统的有序衔接。

项目以改造合规性、系统设计合理性、适应未来发展为目标，智能化系统依照整体改造设定主机容量，并充分预留后期扩展的可能，根据全新的业态增加相应的机电设备用房及管井，重点优化配备了母婴、无障碍等重点设施。商业裙房外立面拆除原石材幕墙，改造为陶板 + 玻璃 + 不锈钢的外幕墙材质，大幅度提升了建筑整体的通透性，重构了建筑与街道和城市之间的界面关系。

商场室内增加了建筑内部中庭及扶梯，首创“三首层”商场，除了通常意义上的首层，还可由室外扶梯直达三

图 1-6-3　街角人视图

图 1-6-4　室内无边界漫步空间 2

层或从下沉式广场进入 B1 层，大幅度优化了商业动线与空间层次。商场内部以起伏的带状设计定义功能布局，通过垂直堆叠营造出不同的空间场景，在三层外延区和顶层打造了连通室内外空间的平台与露天花园，而零售空间也遵循开放、悠闲的散步体验布局，鼓励人群漫步、探索，一系列无边界的开放空间被布置在建筑重点位置，外部人群也可窥见内部正在进行的活动，使得上海瑞安新天地广场成为内外交融、“可游、可憩、可赏”的新型商业空间。

图 1-6-5　内外交融的多平台空间

图 1-6-6　室内无边界漫步空间 3

改造后的上海瑞安新天地广场以现代的色调搭配、明亮通透的内外空间、流畅多变的动线示人，成为融合国际化生活方式的城市多元公共空间，并为未来运营提供更多的可能性，使建筑以积极的姿态回应城市的品质要求。

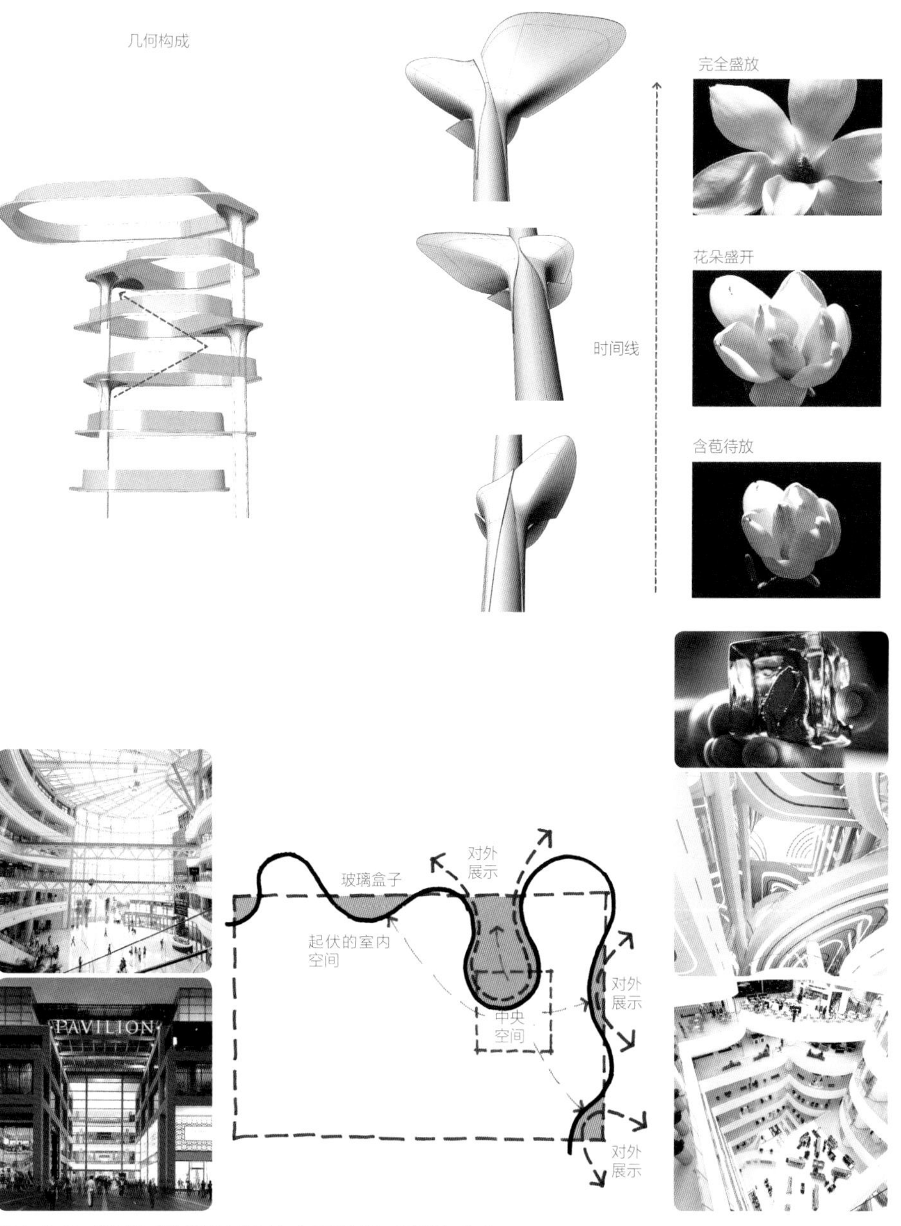

图 1-6-7　空间构成分析图（组图）（图片来源：UNStudio）

三、专家点评

作为上海具有标志性地位的核心购物商圈，淮海路承载着一个时代的记忆，在上海近十年的城市更新历程中经历着不断的发展和演变。置身淮海路的老旧商场改造肩负多重使命，既要聚集人气，保证经济效益，又要使整个街区焕发活力。淮海路上重要改造项目之一的老太平洋百货项目一直广受公众瞩目和期待。项目 26000m^2 的体量分布在地下二层至地上的七层中，给空间利用和成本控制带来了很大的挑战。附近改造日趋完成的情况下，项目承担着颇多关注，是整座街区旧貌换新颜的重要一环。

改造期间我于对面的建筑办公，密切关注项目进展。外立面的退台、直达三层的扶梯和下沉广场的出现都让我颇感新意。弧形线条与透明玻璃的设计更显活力，与周边的建筑相互协调。多层户外露台的嵌入增加了绿化带的层次，为闹市区带来难觅的清新感，也让我感受到建筑师的设计创意所带来的改变与惊喜，期待了解改造对项目价值的提升。

项目开业伊始，我从上海 K11 购物艺术中心穿过地下通道前往体验，地下层商场的照明与色彩配置和全新的业态分布令人印象深刻，遵循熟识的动线到达首层之后，感受到更强烈的整体设计感。金属色与浅色配合的主色调营造出时尚、轻松、愉悦的空间氛围。东西侧入口的打通让动线更加清晰。首层的部分店铺以专柜替代玻璃隔断，增强了通透感，多个弧形中庭拓宽了平均面积为 3000m^2 的楼面的空间感，每层的餐饮设置也各有特色。车库动线的梳理成为项目的亮点，解决了坡道上楼车库设计的难题，改造后到达办公楼和商场的动线流畅、清晰，更显人性化。

城市更新不只是建筑的翻新，在生活方式和消费习惯快速变化的当下，城市建筑成为我们生活与工作的空间，其在适应市场需求的同时更要兼具未来开发的灵活性。城市更新项目必须通过经济效益的论证激发业主改造的动力，只有通过社会用户的评价和使用效益的论证，才能持续、良好地运转下去。

所有成功的城市更新项目应当经得起时间的考验，相信上海瑞安新天地的改造也能很好地印证这一点。

高力国际中国区董事总经理　邓懿君

印力中心（原深国投广场）改造项目

一、项目信息

设计单位：（建筑方案）湃昂国际建筑设计顾问有限公司（简称“PHA 湃昂”）
（建筑施工图）中国航空规划设计研究总院
设计人员：（PHA 湃昂）徐子苹、周嘉瑜、李惟晓
项目年份：2015~2018 年
项目面积：128000m²
项目地点：广东省深圳市

二、项目说明

印力中心（原深国投广场）位于寸土寸金的深圳香蜜湖片区，可辐射 3 公里 44 万高端白领及家庭型消费群体，60 多个政府机关、事业单位及 3000 多家私营企业和近百所教育机构，是印力集团的旗舰购物中心之一。

2017 年 2 月，已开业 10 年的深国投广场宣布开启升级改造计划。PHA 湃昂作为此次改造的主要设计单位，全面提升深国投广场的内、外空间，包括外立面、外部商业广场和环境规划，以及内部空间的升级改造。2018 年 12 月更名为“深圳印力中心”，成功提升消费者的场景体验，成为深圳品质生活的新地标。

图 1-7-1　改造前外立面

● 亮点 1——立面设计改造

设计团队在尊重原建筑体量与轮廓的基础上，延续原来的形体关系和虚实变化，保证主体结构不作大调整的前提下进行立面改造设计。根据建筑整体比例关系，立面采用参数化设计，形成简约而又灵动的云状图案，倾斜变化的平行四边形铝板做出 7 种模数，玻璃和铝板材质凹凸的变化，打破了原来单一的变化元素，增强了体量的雕塑感和丰富度，同时更易于施工。夜间的灯光隐藏在云状图案凹陷的模块内，随着不同的灯光色调进行变化，使得整个建筑夺目而温馨，在赋予项目商业氛围的同时，也传达出一定的人文气息。

图 1-7-2　改造后外立面

图 1-7-3　印力中心（原深国投广场）改造后鸟瞰图

设计说明：尊重原立面设计形象，延续原有的立面造型，采用矩形铝板为母题，呼应形体上的折线元素，将矩形形体倾斜成平行四边形，建立 7 个模块，通过模块有序组织，保留原立面孔洞，满足其功能使用。

● 亮点 2——广场改造

原广场机动车、人行到达动线混乱，超市人流、停车与商场入口等各个流线不顺畅。改造在景观空间分级的基础上，明确梳理人车空间，建立起城市空间到商业空间的自然过渡功能和层级关系，提高广场的使用率。

前下沉广场空间封闭，与山姆（SAM）会员店地下车库流线分离且没有必要道路支撑，极少有人到访，同时也导致绿化、景观等利民设施未被积极使用。经过改造，下沉广场空间面积扩大，与现有商业入口形成强有力的连接，使地下人流与地上人流可进行更多的互动。扶梯的设置也加强了广场的上下联系，合理指引人行方向，交通更为便利。同时通过对下沉广场的景观改造，增加了空间的趣味性，为市民提供了丰富的活动空间。

图 1-7-4　改造前商场内部

● 亮点 3——室内改造

原商业室内为有柱中庭，使得空间内视线昏暗，体验感较差。PHA 湃昂在不改变消防防火分区和主体空间结构的前提下，首先将内部空间改为白色。白色弱化了柱子而强调店铺空间，在视觉上感觉空间更加通畅。同时开拓之前浪费的屋顶空间，增加了三、四层的 Loft 空间，使得营业面积增加，最大程度扩大了整体使用空间。用木纹格栅对三、四层的顶部空间进行了完整吊顶，配以带有 Logo 的星光吊灯的设计，使整个屋顶呈现出绚烂星空的效果，吸引人群向上探索，“激活”高层商业空间。同时用镜钢包裹裸露的横梁，使顶部的横梁和柱子在视觉上完全消隐，增加了整体空间的通透度和明亮感，使用者在室内的舒适感得到了极大提升。

图 1-7-5　改造后商场内部

设计说明：改造后的商业空间为高达 9 m 的 Loft 平行空间，简洁流线型的空间细节，配合立体的剖面设计以及流线型的室内灯光，不仅富有设计感，也能起到引导人流的作用。

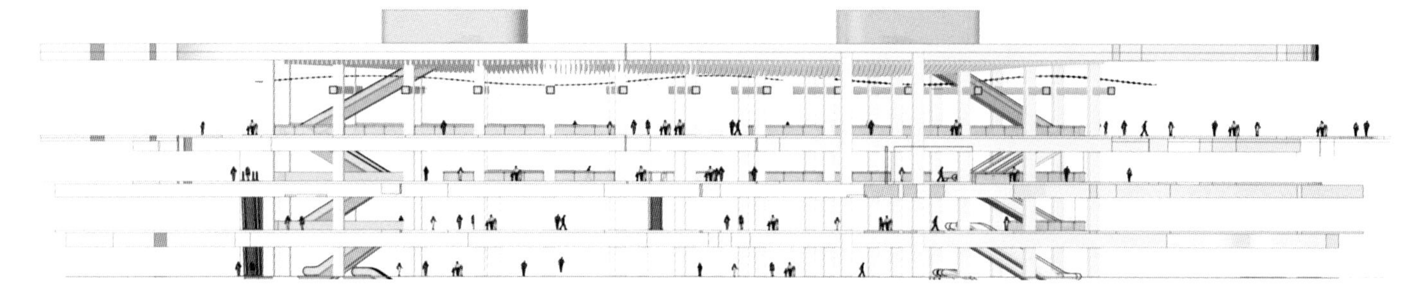

图 1-7-6　剖面分析图

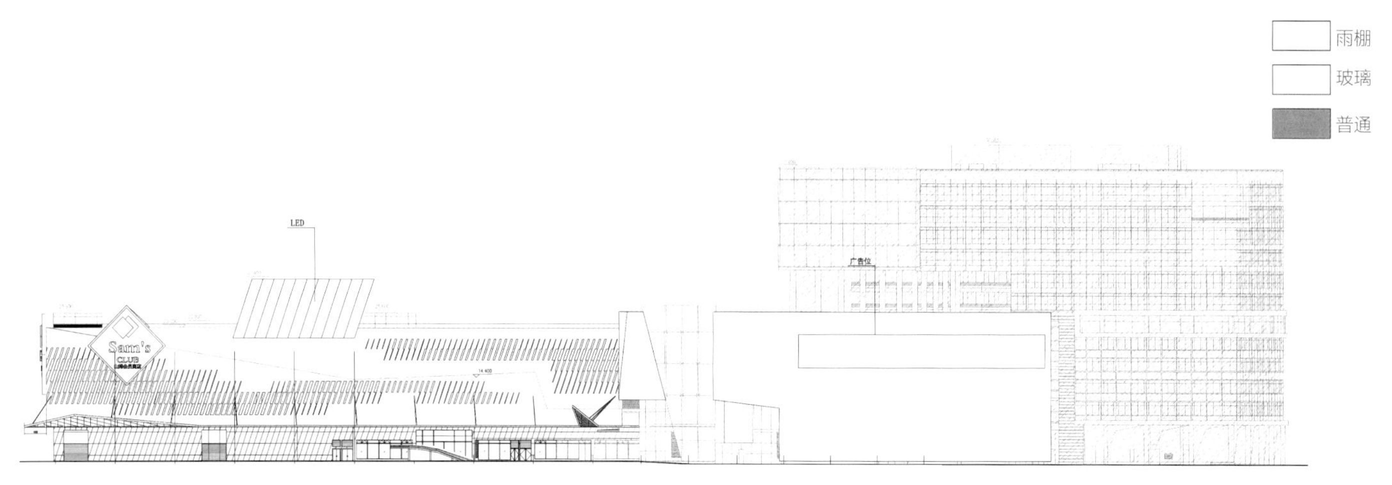

图 1-7-7　西立面图

三、专家点评

深圳印力中心的前身为深国投广场，商业功能由山姆会员店和购物商场两部分组成。山姆会员店因其特有的仓储式商超模式，在开业伊始曾引起业界和客户极大的关注，至今仍拥有非常稳定的客流，但相伴而生的购物中心并没有鲜明的特色。近年来，随着众多新面貌、新业态商业中心的涌现，该购物中心更显得活力不足。转变为印力中心后，外部形象的提升和购物空间的活化成为亟待解决的问题。

来自北美的山姆会员店，由于生活方式的不同，大都以快速交通为依托，选址离市中心较远，并非像深圳印力中心一样与其他购物中心伴生，其外观尽显仓储的特点。

以此为出发点，建筑师主要从以下几方面入手进行更新设计：

①立面改造。原外部方形分格幕墙形式较为单调，更新要求在建筑体量维持不变的前提下，对幕墙的肌理进行重新组织。新设计构建了 7 种倾斜的平行四边形模块，划分成铝板、镜面和窗洞等多层次关系；通过 7 种模块有序组合，形成连续的、虚实渐变的肌理。斜线产生的韵律感，消解了方正体量的乏味并激发出全新的活力。看似随机的肌理却尽可能地与立面原有的窗洞对应，以满足采光、通风和消防的功能需求。从某种意义上讲，这体现了对原建筑的尊重与追忆。

②广场及环境改造。与在北美的山姆会员店以巨大的私家车场环绕不同，深圳印力中心的外部广场还是城市日常生活的空间节点。因此，广场的改造在保持露天大停车场的“招牌”特色的同时，增强人流疏导，梳理动线，通过景观空间分级处理，引导人车分离，为市民提供舒适的公共开放空间。通过对广场动线的调整，该设计重新建立了城市空间到商业空间的层级关系，让各功能空间过渡自然。通过扩大下沉广场来整合山姆会员店与购物中心的出入

口，让入口前空间更加开敞，使地下和地上联系更加便捷，有效实现广场和商业入口的导向性连接。

③室内改造。除山姆会员店保持所需的巨大空间外，购物中心内部空间则进行了多维度的改造。原商场室内层高过低，空间形态和流线单调，消费体验不佳。该设计在室内空间改造中提出“平行空间概念”，重新梳理商业动线，强化公共空间体验。原商场内部的梁柱造成了空间感知的阻断，新设计将它们镜面化，通过多重反射，达到实体的“消解”。通过在特定维度上使用大面积温暖的木色，提升了购物中心的亲和度。恰到好处地使用低纯度的亮色，提升了空间的活跃度，但又不失为商品、柜台的背景。无论是弧线的木色格栅还是走廊带弧度的镜面天花，均有效地增加了空间的视觉延展。三、四层设计为 Loft 的形式，双层高空间既使商铺展示最大化，又增加了空间的灵动。重点区域以商家 Logo 疏密散布，形成星光的效果。顶棚上的阵列花瓣吊灯“点亮”了整个室内空间，与木色格栅配合相得益彰。

该设计致力于从城市风貌、建筑造型和空间体验、商业动线以及视觉效果等多方面、多层面活化整个商业购物中心，带给消费者更现代、更舒适的购物体验。从改造完成的效果来看，达到了项目的预期，使深圳印力中心提升为该区域商业的新地标。

柏涛建筑设计（深圳）有限公司首席建筑师、
深圳盐田城市更新平台专家　赵晓东

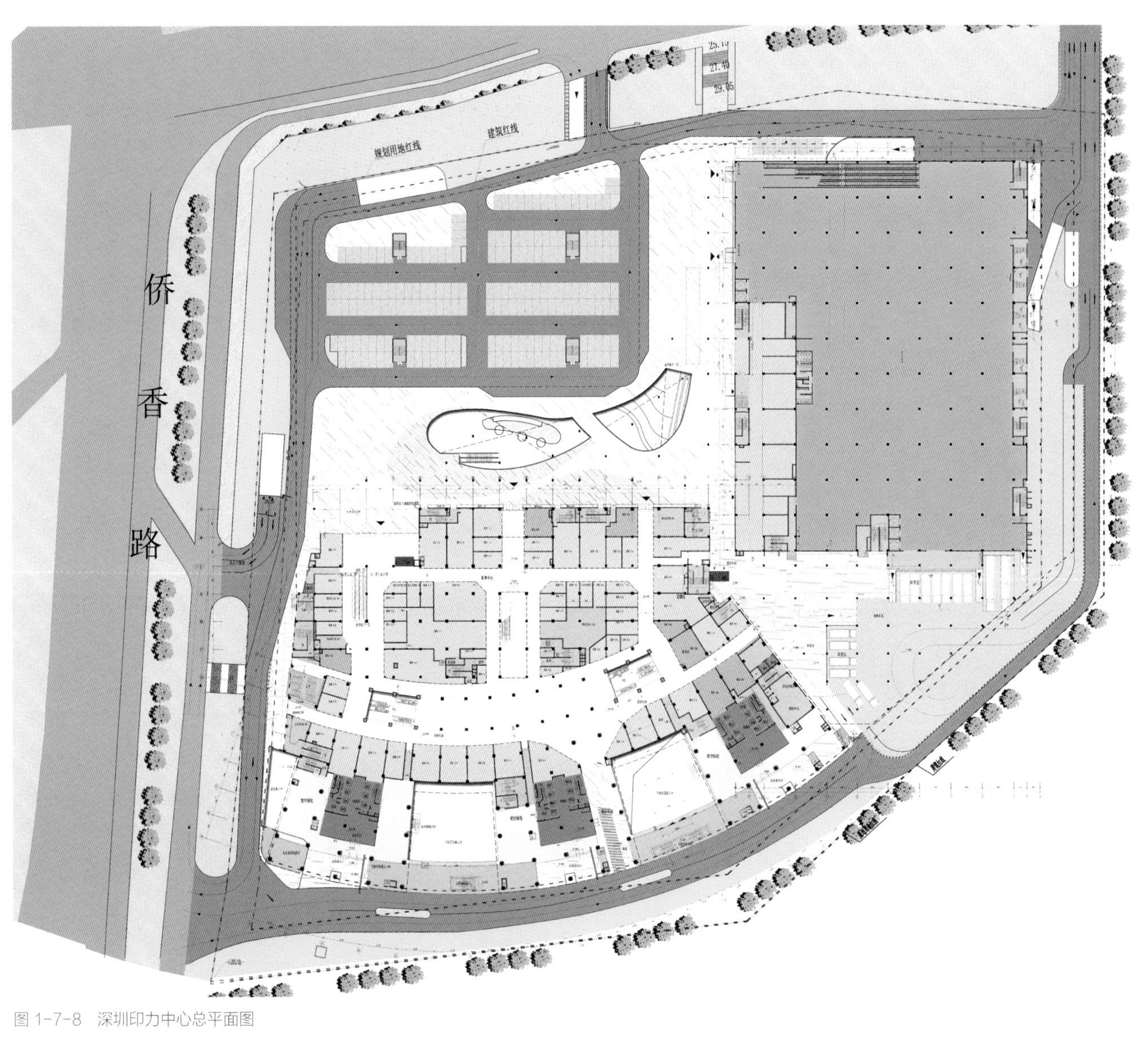

图 1-7-8　深圳印力中心总平面图

西安大唐不夜城片区综合更新

一、项目信息

设计单位：（建筑方案）上海秉仁建筑师事务所（普通合伙）
（建筑施工图）中国建筑西北设计研究院有限公司（商场）
北京弘石嘉业建筑设计有限公司（书店）
华东建筑设计研究院有限公司（酒店）
设计人员：（上海秉仁）马庆祎、颜莺、陈溟澈、赵建霞、杨远、王臣、李唯、吴承宇、陈德辉、陈家祺
业主单位：曲江文化集团
项目时间：2019~2022 年
项目面积：155923m²
项目地点：陕西省西安市

二、项目说明

● 设计背景

大唐不夜城是一条位于西安大雁塔脚下南北长 2100m、东西长 500m 的文化商旅步行街。从北部大雁塔南望，整个大唐不夜城步行街建筑风格以仿唐文化建筑为主，以盛唐文化为背景、唐风元素为主线，引领和承载了新时代的大唐风韵。书店文化商业综合体、精品酒店、新乐汇商场等改造项目均坐落在这条街中轴线的两侧，改造范畴包含立面改造、空间重整及景观设计等。

● 设计策略

大唐不夜城主轴建筑群特点鲜明，沿主轴大街的面宽基本都保持在 60m~120m，有着规整、严谨的界面形式和三段式的立面构成特征。立面设计延续大唐不夜城的整体风貌，遵循唐风建筑构图三要素和平面开间划分，力求纵段与横段艺术构图共现。采用大尺度、整界面、多元化的城市设计原则，整体顺应，局部突破。

立面改造：在保留原唐风建筑屋面的同时，重新调整檐下立面，用现代的设计手法演绎传统建筑语汇。材料的颜色运用与现有建筑协调统一，呈现精致典雅富有内涵的商业氛围。在遵循框架的同时进行风格创新，保持建筑设计的多元性和创新性。

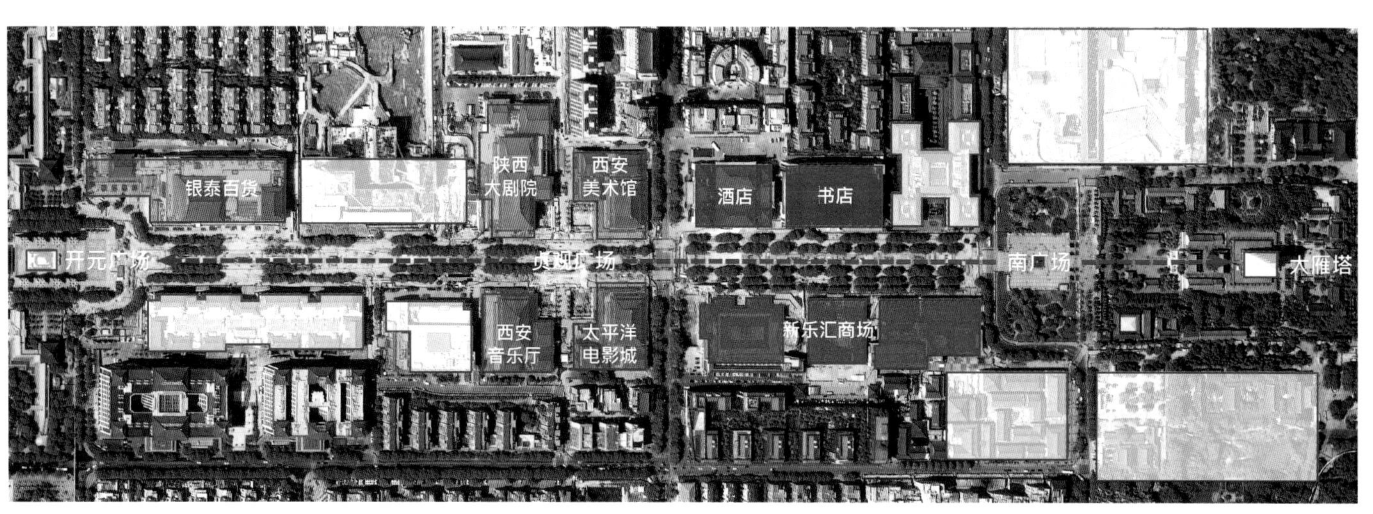

图 1-8-1　项目位置

图 1-8-2　书店及酒店鸟瞰效果

● 设计分析

书店与酒店的建筑立面以中国古代简牍为设计母题，在幕墙单元中加入竹节、竹林等形态元素，通过“竹节”彩釉玻璃、“竹纤维”立杆来模拟竹林意境。幕墙单元的构建实现了城市新旧界面的过渡，淡然、雅致的幕墙单元和细节刻画赋予建筑一种“大隐隐于市”的文化表达，亦似蒙上了一层诗意的面纱。

在新乐汇商场中，我们希望传承唐长安城市规划思想，通过连接散落的节点串接起整个商业群落，通过重点打造空间记忆亮点，最终达到汇聚人流、激活商业片区、提升商业核心价值的目的。

图 1-8-3　书店改造前后对比

图 1-8-4　以简牍为题的幕墙系统

图 1-8-5　商业中庭设计分析（组图）

设计分别打造了北街轻奢客厅、内庭盛乐剧场和南街时尚画廊三个城市空间主题串联整个场地。盛乐剧场（新乐汇商业中庭）作为主要空间之一，以剧场为主题理念，提取西式剧场中池座的原型以及中式建筑内院围廊中窗扇的概念，给人置身剧场之内的围合感，强化了商业空间剧场的主题氛围。

作为整体改造提升的亮点，建筑师在新乐汇商场的几个重要入口处，植入昭示性的玻璃盒子来强化商业入口，吸引人流、引领整体形象。玻璃盒子的设计以丝绸为灵感，旨在这样严肃、规整的空间之上加入柔和与动感之美。通过对绸缎图案进行板块化拆解，最终得到符合建构尺度的母题图案，并通过玻璃—金属折板双层的幕墙系统创造出丰富的层次。外层彩釉赋予内部金属折板结构以朦胧的梦幻感，通过参数化控制的彩釉图案，实现玻璃呈现不同透明度的效果，结合折面金属板，呈现出多角度的动态变化。

在融古托今的主题城市建设中，项目未来将根植于在地文化，搭建起历史文脉与现代生活的更多关联，形成以文化力量为内核的IP 化空间，掀起大唐不夜城新一轮的“网红”风暴。

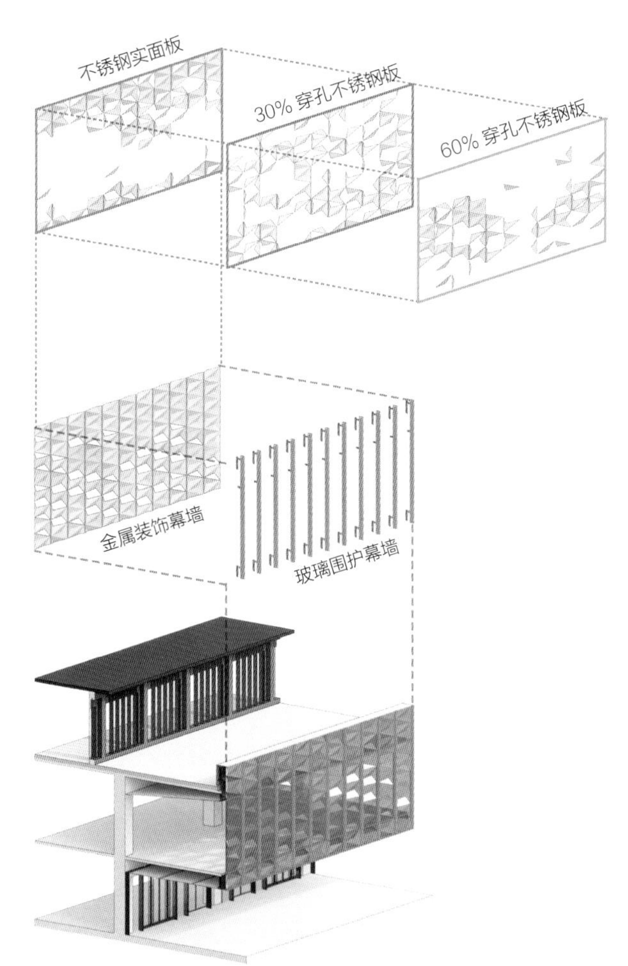

图 1-8-6　商场入口玻璃盒拆解图

图 1-8-7　商场主入口更新后的效果

图 1-8-8　商场主界面更新后的效果

三、专家点评

这是个复杂、综合、背景时间跨度很长的设计项目，对建筑师的挑战极大。项目基地位于重要的城市建筑遗产周边，有风貌承载和协调要求，又存在片区商业开发综合使用的功能要求。如何将风貌承载和功能承载有机结合，利用好文物资源，是本项目的难点。设计单位在规划设计阶段确定了新旧融合的关系。一方面，延续了轴线关系，延续了西安大唐风貌的大屋顶空间意向。另一方面，在近人尺度、商业立面等部位又做到和而不同，有新意、时尚，奠定了融合商业与文化的设计基调。

设计单位利用新材料、新手法展现了其设计细部控制的能力，保证了完成度。商业立面设计有自身求新、求变、求新意的要求，但是又要控制在前文所说的风貌承载的尺度内。因此，设计选择了竹节、简牍等设计意向，力求简洁的同时控制通透度、灯光等细部，效果很好，又有识别性。设计单位在长期、跨多阶段、各个尺度上体现了高水平的控制能力，这一点恰恰是很多事务所难以做到的。

上海建筑设计研究院有限公司城市更新院院长、
总建筑师、正高级工程师　邹勋

第二章

办公空间

招商 · 华商大厦立面改造

恒基 · 旭辉天地

UCS 环球创意广场

济南历下明湖国际信息技术产业园二期（原济南历下诚基中心四期）

上海浦东民生码头 E15—3 街区

上海赛特工业园改造修缮项目

招商 · 华商大厦立面改造

一、项目信息

设计单位：（建筑方案）北京云翔建筑设计有限公司
（建筑施工图）北京中建恒基工程设计有限公司
设计人员：（设计指导）程凯波
（云翔）许春臣、曹琭、赵伟、许财广、张学哲、李澌洁、王伟、薛荣剑、霍朋云、周尔芃、王龙龙
项目时间：2020~2022 年
项目面积：30000m^2
项目地点：北京市
摄 影 师：张辉、姚爱猛

图 2-1-1　与周边环境的融合 1

图 2-1-2　与周边环境的融合 2

二、项目说明

项目位于北京东三环朝阳路上，具有稀缺度高的区位优势，属于典型的城市更新课题。地块周边城市肌理成熟，交通路网发达，体系便利，周边步行半径里有央视大楼、SKP 以及沉浸式体验商业 SKP-S 等多个国际知名的地标项目，拥有代表北京高水平的时尚、品质地标属性。

● 场地特质：广角镜头中的繁华与近景场景中的市井复杂的矛盾体

项目的南侧朝阳路嘈杂、混乱，周边都是老旧小区。高处和广角镜头中的都市繁华和近处的市井和灯红酒绿形成了项目周边的矛盾复杂体的语境。

建筑立面较为陈旧，场地内部杂乱、流线组织不明确，无景观休闲场所，待拆、待改建筑较多。由于设计于二十世纪八九十年代，项目从立面到整体的场地关系再到内部管理，都处于一个待整理、修葺的状态。受限于当时的平面布局，整体建筑偏矮、宽，立面造型具有当时的建筑非常明确的年代特质，两侧的片墙及凹陷部分的处理手法已经比较过时，北面的尖角及立面层次变化也有和南面类似的情况。场地内，落客区距离外部道路非常近，到处停满了车，还有很多的违规加建，环境整体比较混乱。

图 2-1-3　区位周边环境

● 关于人群：北京精英汇聚地之一

毋庸置疑，北京的东三环聚集了高密度的人才，他们对文化和艺术的接受度也非常高，近期开业的沉浸式体验的网红商业SKP-S，从关注度到商业效益都是“双赢”，也是受益于这个片区人群的品味和消费能力的支撑。所以对于项目片区人群的认知，在常规的价值感以外，人群对时尚度、文化和艺术的需求也是非常重要的关注点。

● 项目定位

不同于冠寓、泊寓这种青年公寓，也有别于瑰丽酒店、璞丽酒店这种高端的酒店，项目属于高端的服务型长租公寓。从设计角度看，在国内大致对标的案例是类似万豪行政公寓或者凯德旗下的雅诗阁公寓。国内一些相关的具体案例，像雅诗阁这样的品牌在很多城市和来福士捆绑，都有很鲜明的外立面标识，或经典，或现代，都做得很用心，并且很有意识地去营造 IP 和沉浸式体验的概念。居室也有一些差异化的设计，部分带有独立客厅等。通过汇总以上几点，可以大致描摹出项目的内在气质的诉求：从外在的硬件条件到内在的软件条件，项目大概需要这样一个立体化多层次的定位。

● 设计愿景

将华商大厦打造成为招商蛇口在北京东三环的一张城市名片，营造出一个优雅、精致的酒店化的空间场所，时尚感十足的建筑气质，打造都市感的居住氛围，位于都市心脏的理想居所，整体呈现有沉浸感的城市花园氛围。

● 建筑设计：概念，掠影；概念主题：瞬 · 舞动

立面设计概念源自汽车飞驰留下的线性律动定格——将无法可视的柔性流体，抽象地反映在实质被设计的对应对象上。

在信息时代，都市的变化日新月异，我们认知建筑的方式也在逐步转变。随着信息技术的发展，数字美学在改变我们，建筑也越

来越动感、柔美、符号化。在这个认知背景下，我们把一个折面的凸窗当作立面的元素铺满建筑，代表每个房间看向城市的一双眼睛，又通过镀膜玻璃以及泛光照明等软性手法，在建筑的墙身上勾勒曲线，让建筑具备独特的标识及认知度，成为城市里定格的一个小小瞬间。在熙来攘往的朝阳路上，建筑像一道过目难忘的掠影，夜幕下与远处的央视大楼、中国尊一起，成为交相呼应的风景。

在不同的日子里，驾车行驶在朝阳路上，可以看到不同的建筑风景，建筑的色彩就像每天的心情一样，与城市一同跳动。建筑的外形非常整洁、大气，凸窗的肌理也正好化解了建筑的尺度，把建筑和城市融合起来。近处观看时，墙身上的曲线通过镀膜玻璃和照明的处理，勾勒出像叶子、像眼睛的优美的曲线，墙身上的折面凸窗提升了整个建筑的酒店感和时尚感，也巧妙地统一了整个建筑的立面语言。

裙房通过幕墙和金属装饰件的组合，形成了几个层次的横向的延展曲线，在近人尺度观看建筑的墙身的凸窗，时尚感也是非常动

图 2-1-4　街道视角

图 2-1-5　改造中

图 2-1-6　施工中的正立面

人的。因此我们也借着建筑的主题语言做了大堂部分的优化设计，把立面的语素延续到室内空间，在室内用两组椭圆线条形成了 3 个空间层次，在巧妙地包住门厅处的柱子的同时，也形成了连贯的休息区。未来，大堂和其他公共空间的设计也可以将外立面的语言贯穿下去，用白色木色这种结合了现代和温馨气质的色彩作为主色调，结合动感的格栅、前台等的设计形成入口的整体气质。在门厅放置雕塑，形成一种沉浸式的艺术氛围，一些舒适的休息座椅结合半封闭式的社交空间，让大堂成为住户周末的会客场所，也有效地将电梯厅和休息区动静分离。

● 立体多维度设计优化

对于一个城市更新课题，我们也进行了多维度的思考和设计，包括落客区、各区域的场地、动线、其他配套建筑的立面、屋顶等，这些都做了延伸设计，落客区设置了更开放和精致的广场。

建筑的北立面结合色彩和曲线，与南立面形成呼应，也可以控制住造价。配楼我们也做了相应的设计，连廊采用了类似裙房的立面设计，力求通透、轻盈，可以让连廊中健身房的人在健身的时候可以观看外面的风景。

图 2-1-7　人视图

屋顶花园考虑做成开放式的酒吧，在允许上屋顶的日子里，这个空间其实可以有好的品牌效应。朝阳路的夜景非常美，所以屋顶花园可以借助一些手法去挖掘其价值。

整个场地也通过梳理流线和优化空间，实现了全面的提升。在保留原有树木的前提下，北侧停车场置入了一座花园，让公寓里的住客可以有一个安静的室外活动场所。员工宿舍也做了立面设计，通过小的檐廊打造一个小的空间层次，与主题立面呼应，办公配楼也采用了类似的手法。

改造前，场地内部双向车流较为混乱，车位设置分散，人车分流不明确；改造后，场地内单向车流流线明晰，车位集中布置，整体动线将进出口改为单向行驶，有效避免交叉，实现人车分流。

塔楼的立体凸窗标准化程度非常高，可以有效节约成本，通过侧面进行通风，也解决了外观和通风的矛盾。为了保持建筑的完整性，两侧一些凸窗与原墙面有些距离，经过平面论证发现对功能影响不大。

裙房是隐框幕墙体系，二层窗做内开启可解决客房开窗问题，也考虑了层间的防火封堵。连廊采用落地窗墙体系，由于面积不大，对总体造价影响不大。方案不需过大的拆除量，原窗上梁和窗下墙大部分都可以保留，凸窗可以直接锚固在结构上。此方案的类双层墙体系也被论证是一个经济、高效节能的体系。

图 2-1-8　侧视图

图 2-1-9　立面特写

三、专家点评

感谢春臣的信任和邀请！这些年，一个又一个的项目呈现，见证了一位杰出青年建筑师的成长；而华商大厦项目，也将是他前行路上一座新的里程碑。我很荣幸能与春臣共同分享这份喜悦。

图 2-1-10 外立面白天风景

项目的地理位置非常特殊和稀缺，位于寸土寸金的北京 CBD，紧邻朝阳路北侧，介于东三环与四环之间。在北京，朝阳路是一个多样而又特别的存在，路上可谓星光璀璨，有着诸如中央电视台大楼、朝外 SOHO、中弘大厦、远洋国际中心等知名地标。与此同时，作为一栋 1996 年建成的项目，华商大厦本身过时的外立面及陈旧的内部环境，不仅与区域的格调格格不入，无法满足当下的功能和形象需求，而且整体结构及电梯设备等也存在不同程度的老化和安全隐患。

因此，建筑师必须通过深度的思考和适宜的策略，让旧建筑焕发新生；而城市更新作为既难又有趣的课题，设计需要的是一个“巧劲儿”。

图 2-1-11 正立面

建筑师从建筑主体立面入手，发现在CBD的公共建筑几乎全部采用玻璃幕墙，但项目周边几十米外就是居民楼，幕墙势必带来光污染，而且新增的幕墙势必会给本来就老旧的结构带来更多的负担。如何解题？建筑师的策略很巧妙：采用窗墙体系，但用大凸窗套小洞口。这样做有三个优点，一是从外面看是很漂亮的幕墙效果，但实际是成熟简便的窗墙体系，用低造价打造出高颜值；二是在受力层面，窗墙不需要二次使用龙骨，不会给墙面带来更多的结构负担；三是不需要大拆大建，建筑设计可以和景观、室内设计同步完成，保证了工程建造的时间节点的可控。同时，在窗框的构造细节上，也有很多“巧思”。建筑师以窗框的独特性作为突破口，窗框的斜角设计的很有趣，体现了建筑师在受力、造价、窗墙体系等种种束缚下，努力打造差异性和时尚感，为城市面貌创造新的记忆点。

在近人尺度方面，建筑师又采取了与主体不同的策略。比如裙房，采取了全部拆除旧外墙，重新设计幕墙体系的策略，力求在造价允许的范围内，用心打造精致的近人尺度。通过入口的超尺度雨篷落客区，彰显高端品质，也很好地体现了人文关怀。裙房背立面用了石材+幕墙的结合，未来结合花园，形成很有品质感的商业外摆区域。再比如西配楼，在严控造价的情况下也做了小巧精致的玻璃门厅，配合连廊的立柱细部，进行推敲的涂料分缝等，都体现了建筑师的周到考虑。

图2-1-12 周边环境

此外，建筑与景观的融合也考虑得比较细致。景观采用了曲线主题的语言，用来与建筑配合。地砖采用像素化语言，以实现时代感，同时与建筑立面呼应。后场则最大限度地保留了现有树木，各种细节的处理，都做得游刃有余。

听春臣介绍，在历时三年的项目建设过程中，波折颇多，例如施工队拆下瓷砖后发现墙面有高达20cm以上的不平整，且起伏毫无规律，最终多方“头脑风暴”后决定用聚苯板做墙面，进行二次找平。这一类的故事不停地发生，又不停地解决。无数次的巡场、改方案、在疫情下停工又开工，甚至连施工队都出现过更换，最终还是完美地交付并呈现了当初设计的预期效果。

四季交替，冬去春来，只有不忘坚守建筑师的初心，才能方得始终。笔者用这句话与青年建筑师春臣共勉！

基准方中建筑设计股份有限公司北京分公司　胡海

恒基 · 旭辉天地

一、项目信息

设计单位：（建筑设计）让 · 努维尔事务所
（当地合作设计院）TIANHUA 天华
（建筑施工图合作）海南（上海）建筑设计研究院有限公司
设计人员：（让 · 努维尔事务所）Ateliers Jean Nouvel（让 · 努维尔）
（TIANHUA 天华）宗劲松、贾京涛、黄先岳、董春来、杨军、焦哲彪、陈丽、包涵、汤晓岑、李恒、毛燕妮　等
业主单位：旭辉集团股份有限公司、恒基兆业地产有限公司
项目时间：（建成时间）2020 年
项目面积：44481m²
项目地点：上海市黄浦区
摄 影 师：10 Studio

二、项目说明

恒基 · 旭辉天地位于上海新天地 CBD 核心，所在的新天地历史风貌区的历史和人文背景深厚，是上海极具代表性的城市名片。在尊重现有城市肌理与文脉的基础上，建筑师以“市民性公共空间”为原则，在有限的用地范围内，打造具有人性化的城市尺度、独特的生活方式和文化内涵，并与周边城市形态相融，用当代建筑语言为核心城区的城市更新注入新的活力。

恒基 · 旭辉天地由全球最具创意的建筑设计师之一、普利兹克建筑奖得主让 · 努维尔主持设计，是让 · 努维尔在中国的首个建成作品，也是在他在中国打造的首个光影建筑作品，具有丰富的光影灵感，演绎建筑、自然和艺术交织，是集景观办公、沉浸式商业与城市空间于一体的光影艺术地标。

图 2-2-1　夜景鸟瞰

项目完美嵌入城市肌理中，采用全景天幕屋顶让建筑融入光影与自然，既为街道提供遮挡、掩护，又使建筑内外空间光影通透与交融。设计细节体现对人性化城市尺度的思考。沿街建筑外立面上砂岩色系的 UHPC 板材外墙、悬挑阳台、定制花钵、遮阳百叶、露明管线等，体现与周边环境的和谐、建筑自身的典雅精致。建筑内部是如同里弄布局的下沉式活力内街，从丹霞地貌汲取灵感，营造热烈精彩的渐变红色内街空间，容纳犹如舞台剧般的商业场景。内街建筑之间用连廊、拱桥和道路相连，两侧是不同季节植物的红色系花钵墙，勾勒出独特的光影和色彩。多个露天下沉广场全天向公众开放，为公市民提供了聚集、交流的场所和城市生活公共空间。

建筑外立面多元精细化集成是项目的重要特色之一。它对立面模数化控制、色彩专项研究、室内视线效果、窗墙系统构造、立面管线综合、建筑泛光照明、花钵系统研究、UHPC 板整体安装、植物设计和种植更换、滴灌系统控制、立面维修专项等相关事项，进行设计研究、施工安装、运营维护和保修的融入整合。外立面上约 2500 个花钵的垂直绿化悬挂盆栽、绿植景观阳台和露台构成水平和垂直的多维度花园，随四时季节变迁，外街立

图 2-2-2 从丹霞地貌汲取灵感的沉浸式商业办公内街 1

图 2-2-3 从丹霞地貌汲取灵感的沉浸式商业办公内街 2

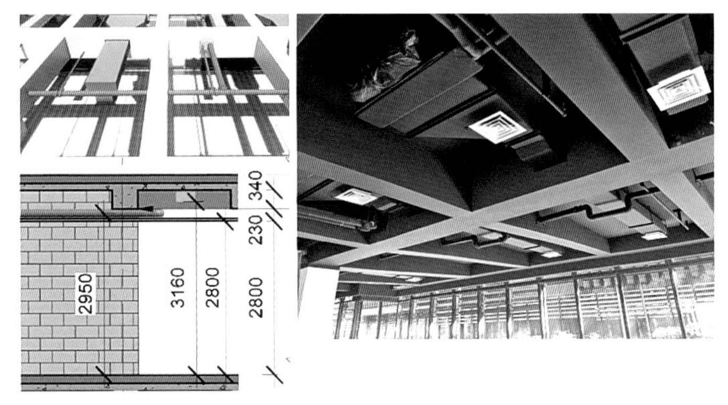

图 2-2-4　结构、机电和 BIM 一体化设计与施工

面和渐变梦幻的内街立面共同演奏自然的色彩韵律。无处不在的绿植和光影将整座建筑隐于其中，使项目真正成为融入上海特有的城市历史的景观建筑，成为超越时间、超越建筑本身的艺术品。项目从创意构思、设计研究、建造安装、验收交付到运营使用，前后历时八年，参建各团队克服多重设计困难和技术挑战，在各项受限的设计条件中，以全专业协同整合能力研究、验证设计，最终使大师作品得以完成。

图 2-2-5　街景人视图

图 2-2-6　全景天幕屋顶

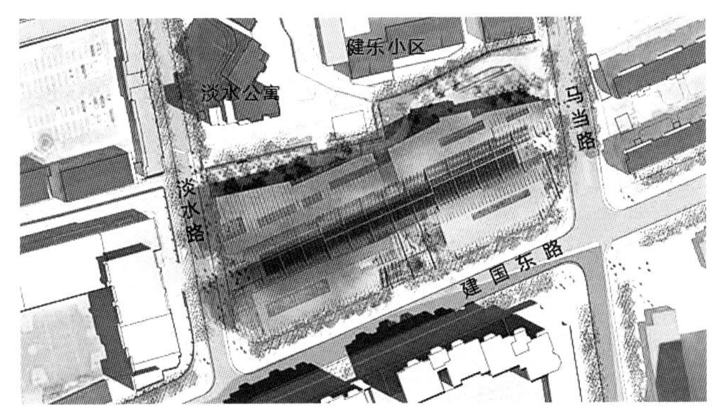

图 2-2-7　总平面图

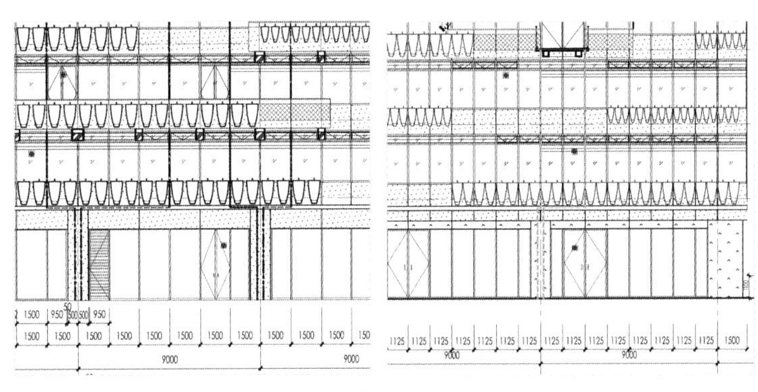

图 2-2-8　外立面模数控制分析图（组图）

图 2-2-9　外立面细节（组图）

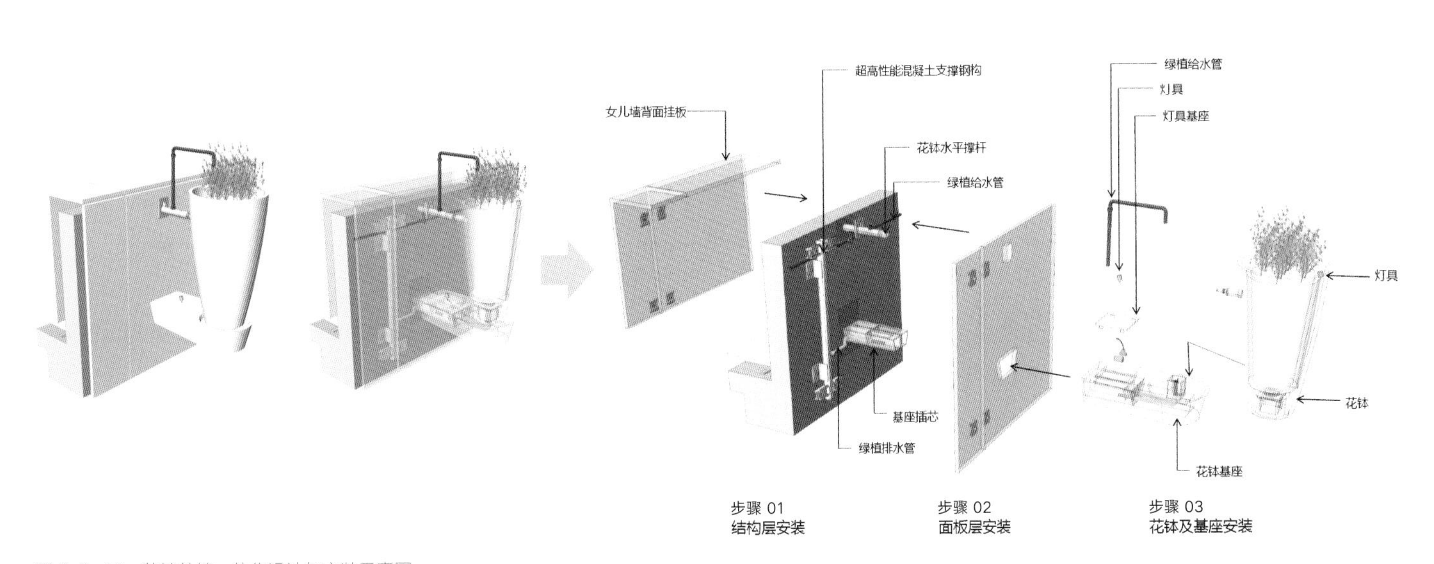

图 2-2-10　花钵外墙一体化设计与安装示意图

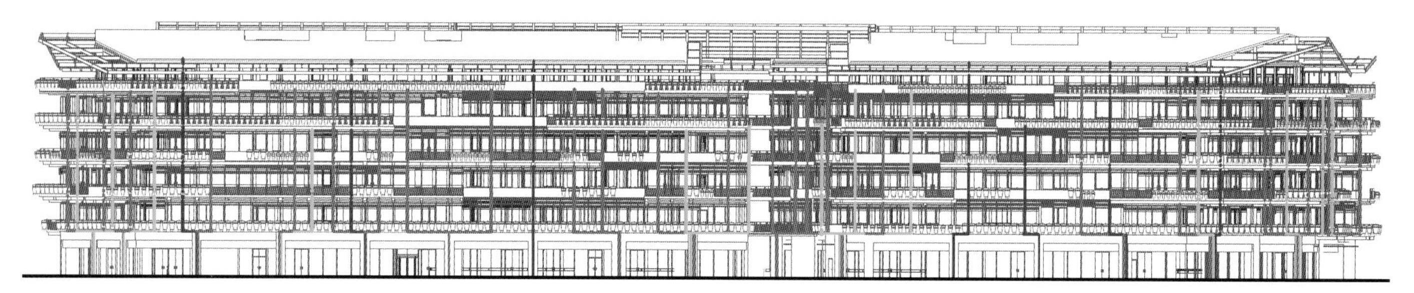

外立面管线设置原则：（1）所有立管均设在窗立挺上外街立管定位间距为 1500*N

（2）外街立管定位间距为 1500*N，内街立管定位间距为 1125*N

（3）外街立管颜色为沙色，与外墙面色彩一致；内街立管颜色为红色，与内街墙面色相似

立管示意

屋面雨水立管

阳台排水立管

花盆排水立管

屋面雨水立管

阳台排水立管

花盆排水立管

图 2-2-11 外立面管线综合分析图（组图）

三、专家点评

亲自然（亲生命）性设计是近年来设计界的热点之一，世界各地已经出现了很多成功或不很成功的案例。

恒基·旭辉天地项目以公共性、开放性、亲自然的设计理念完成了这个具有城市精神的改造项目，将四栋平淡无奇的商业建筑整合改造为一处吸引人的城市广场，巨大玻璃屋顶下的内院完全开放给城市，友好地迎接所有访客或过客，这便是城市精神所在。

遍布内外墙体上的花钵是视觉焦点，青翠绿植生机盎然，给整个建筑综合体带来勃勃生机。这种近人尺度的绿色环境对高密度城市建筑而言非常珍贵，视野中随处可见的绿色植物会给使用这栋建筑的人带来放松、愉悦的心理感受，加上玻璃屋顶下的半室外空间，可使人们能够更多地接触到自然环境，放松心情，提高工作效率。

当代置业（中国）有限公司执行董事、首席技术官　陈音

UCS 环球创意广场

一、项目信息

设计单位： Gensler 晋思建筑设计事务所（上海）有限公司
设计人员： 洪杰廉、陈苏、Hasan Syed、Roman Wittmer、张时中、沈静涵、危扬、张尧、司徒嘉玉、Summer Yu
业主单位： 中庚置业集团有限公司
项目时间： 2019 年
项目面积： $92000m^2$（总面积）、$27156m^2$（建筑 / 设计面积）
项目地点： 北京市

二、项目说明

通过重新定位，打造一个开放、与城市充分互动的社区活力中心。

● 更新背景

UCS 环球创意广场城市更新项目地处北京市朝阳区望京核心区域，更新范围约 5 万 m^2，占据一栋 7 层建筑的地上一至三层以及地下两层，更新前由大型超市沃尔玛租用。受到早期整体规划的影响，该区域一度经历集中型商业项目的供应高峰。随着望京区域整体规划格局、产业环境和人口结构的不断发展，区域内大量同质化的集中型商业亟须升级转型，以适应社区对于更具人文特色、更加开放、更具创新性的办公项目的需求。

● 设计挑战

整栋建筑地上共 7 层，分属两个业主，其中一至三层为本项目的更新范围，四至七层为另一个产权归属。如何在不改变部分建筑立面、在不影响顶部四层租户正常办公的同时，打造统一的建筑语言，将新的设计与现状结合是设计之初所面临的最大挑战。另外，现有建筑楼板进深过大，大卖场特征的竖向交通外置，也使得建筑缺乏自然光源。

图 2-3-1　改造前

图 2-3-2　部分不可改造的立面

图 2-3-3 改造后实景图

SHOKAI首开
阜荣街
FURONG St

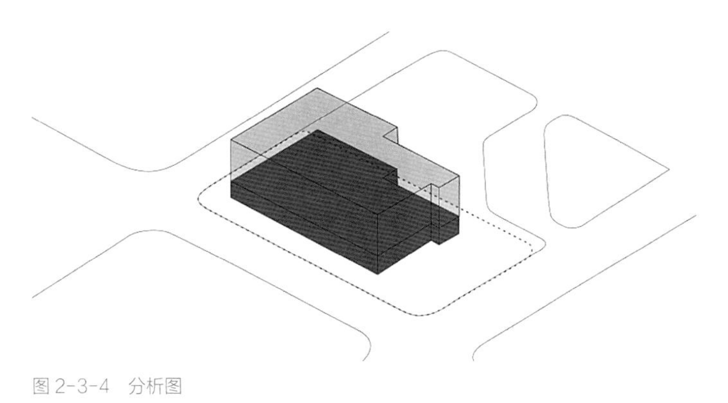

图 2-3-4　分析图

图 2-3-5　开放的室外景观广场

● 设计策略

设计之初，设计团队认真思考并探索未来社区的生活模式，创造性地选择“LINK 链接”作为 UCS 环球创意广场的更新主题。“链接”代表新与旧的链接、历史与现在的链接、现在与未来的链接以及人文和周边共生的链接。设计团队力求通过对项目内部空间的重构、商务与配套服务的功能重组，将办公、休闲、文化、商业有机整合在同一建筑空间中，将UCS环球创意广场打造成集“链接工作、娱乐、生活（Link Work, Link Play, Link Life）”于一体的未来商务社区。

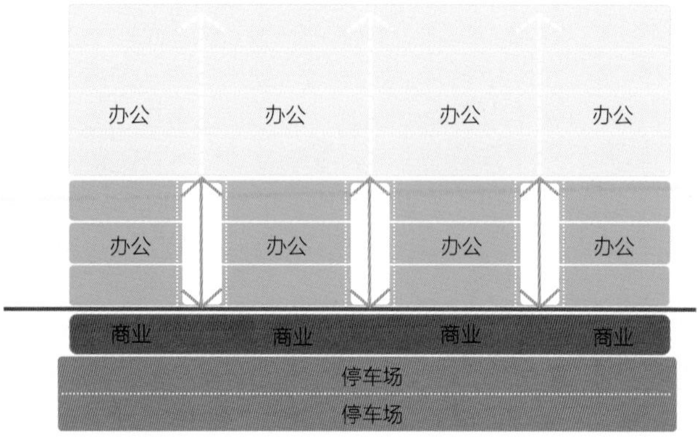

● 空间营造

设计上创新性地运用“Townhouse 联排”理念，将大面积的楼板平面进行切分，营造灵活的租赁空间的同时，为租户提供独立的办公入口大堂以及位于主要大街的独立区域。建筑上部的四层空间不能参与改造，为保证下部三层内部进深较深的空间的采光，经过反复设计研究，设计团队对内部结构进行开洞，通过人工采光为这些大进深的空间提供“感光第三空间”，增加了不同楼层之间的连通性，打造了有助于身心健康的空间环境，为入驻的创新型科技人才营造舒适的氛围以激发创意。

● 立面语言

立面设计强调新旧融合，在不干扰现有租户使用的同时，最大限

图 2-3-6　设计策略分析

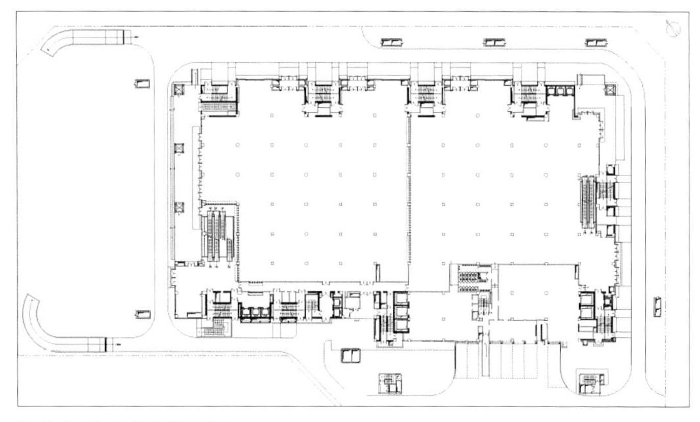

图 2-3-7　改造前平面图

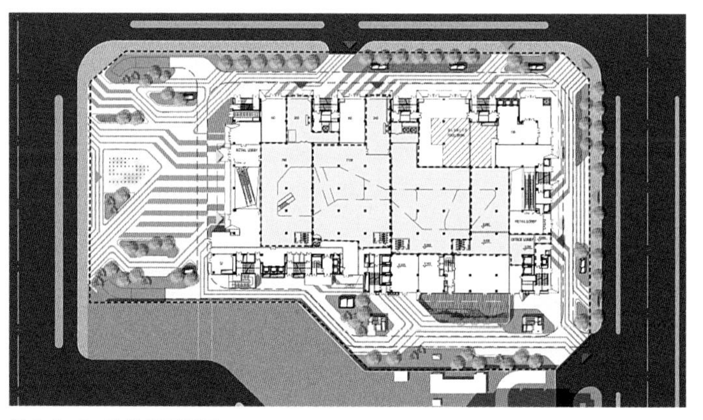

图 2-3-8　改造后平面图

图 2-3-9　改造后实景

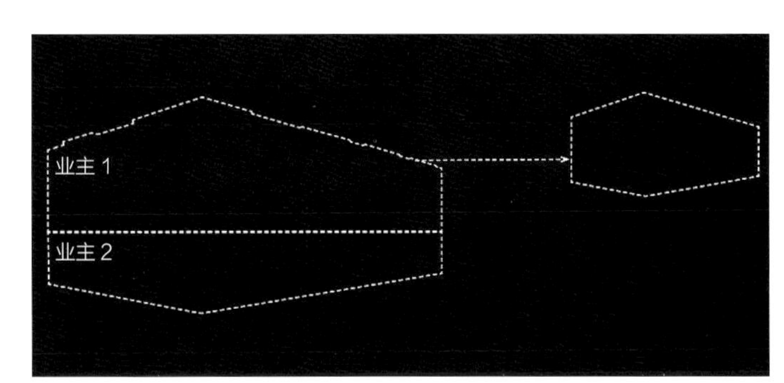

图 2-3-10　立面分析图

图 2-3-11　幕墙细部处理

度营造统一的建筑语言。设计团队利用外挂幕墙的方式，在原立面比较封闭的核心筒部位，采用肌理丰富的立面语言以及暖色调金属幕墙，营造舒适的近人尺度。依据外立面设计语言逻辑，玻璃幕墙和实体墙的体块分区规律，在石材缝隙内设置灯带，向内照亮内层实体墙，增强夜间肌理效果。

● 社区激活

UCS 环球创意广场城市更新项目通过打开城市交互界面，成功地将内向堡垒型、集中型商业业态，转变成为开放的、与城市充分互动的社区活力中心。更新后的商业业态不仅可以满足本物业的配套需求，也具备为周边办公、居住人群提供商业服务配套的功能，为周边社区人们带来生活便利的同时，激活了片区的商业氛围。室外景观布局着手于梳理建筑空间入口与城市交通的关系，延续建筑提出的“Link 链接”理念，将项目与城市整合、链接，开放的室外广场，为周边人群提供休憩、活动场所空间，起到引导并融入人流的作用。

图 2-3-12　独立办公大堂

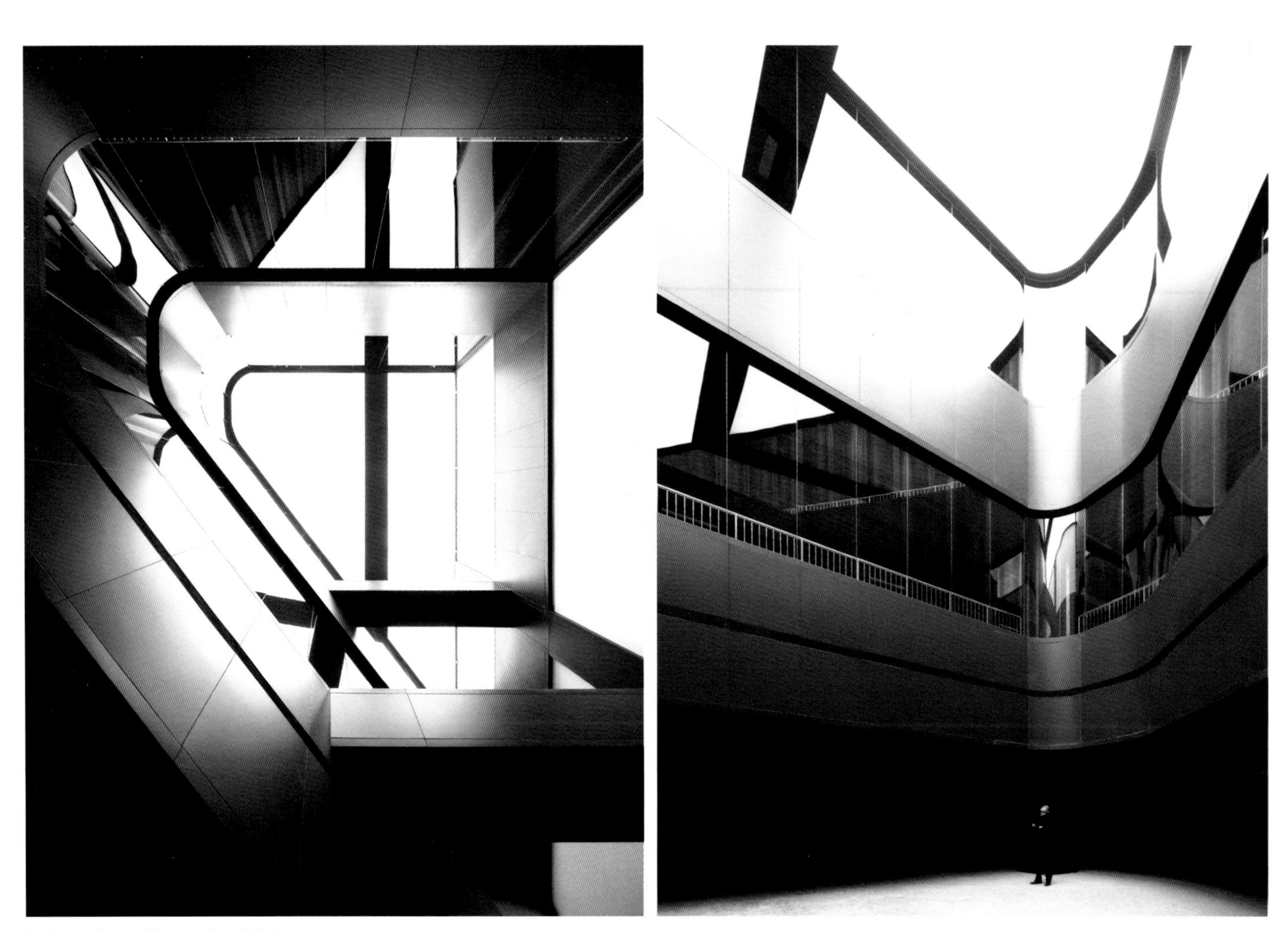

图 2-3-13　人工采光天井（组图）

● 前后对比

更新前

更新后

更新前

更新后

更新前

更新后

更新前

更新后

图 2-3-14　改造前后对比图（组图）

三、专家点评

该项目位于东北四环黄金商业核心区望京，也是北京 TMT 和五百强企业聚集地之一。随着周边新增商业项目落成，原有的大卖场渐衰寞，关键是大卖场租金使得项目的收益远低于预期，持有商业项目如何更好地适应周边业态需求、通过建筑品质提升重新焕发生机并满足投资回报的需求？我们看到 Gensler 的团队给出了“教科书”级别的答案。

Gensler 的团队充分调研了周边市场和目标客户需求，将原来的地上商场调整为活力商务社区，保留原有的 B1 层、B2 层的商业区，将一至三层垂直切分为 4 个独立单元，每个单元设有独立的大堂，营造出“联排（Townhouse）”的氛围，罕见的 5.1~5.4m 极致层高更显大气非凡。外立面在原有玻璃幕墙的基础上，采用实用外挂幕墙方式规整其余部分，玻璃幕墙和实体墙的体块中设置暖色灯带，向内照亮内层实体墙，增强现代感和商务气息。室内项目规划了采光和观景视角，融合观景、商务休闲等功能。通过用户分析、不同单元流线分析，从环境出发、行为出发，其功能力求细致全面，从而发挥物业原来的优势。灵动、自由地分隔组合空间，创建轻松、多变的办公环境，使用户在紧张忙碌之余可随时切换工作、娱乐、文化和商业场景，完美呈现“LINK 链接”的设计理念。

城市更新项目退出路径相对较窄，定位及改造难度大，如开发过程中遇到问题难以继续、停滞不前，会形成巨大的资金损耗，而该项目的设计方案提前考虑到此点，以恰当的设计改动尺度使得项目顺利完成，同时减少碳排放约 75%。改造后，租金比之前提升了约 190%，大大提高了项目的投资回报率。从本次项目来看，良好的定位和设计理念可实现资产利用从低效到高能的“蜕变”。

安狮企业管理（上海）有限公司产业园投资董事总经理　杨鹏

更新前

更新后

图 2-3-15　改造前后对比图（组图）（续）

济南历下明湖国际信息技术产业园二期（原济南历下诚基中心四期）

一、设计信息

设计单位：（施工图设计）上海中森建筑与工程设计顾问有限公司
（方案设计）Gerber Architekten International Asia GmbH
设计人员：（中森设计）赵吟红、廖子俊、陶海龙、刘丽广、周亮、余滋斌、赵志刚、张慧杰、林毅
（Gerber）Prof. Eckhard Gerber、Marius A. Ryrko、章锋
业主单位：济南历下控股集团有限公司
项目时间：2020~2021 年
项目面积：33 万 m^2（总建筑面积），11.4 万 m^2（更新设计面积）
项目地点：山东省济南市

二、项目说明

● 项目概述（前生 · 今世）

明湖国际信息技术产业园二期项目（原诚基中心四期）用地面积约 166 亩（0.111km^2），总建筑面积约 33 万 m^2，位于济南市中心和平路沿线。

此项目改造前为历史遗留的商业烂尾项目，商铺分隔密集无法经营，立面广告位老化脱落，设备管线杂乱失修，严重影响民生安全和城市形象。业主本着担当、作为、高质量、高标准打造项目的原则，成为商业部分接盘企业，并对本项目进行深入剖析，积极引进信息技术产业，变不良资产为优质招商资源和平台。

基于“改头换面”“摆脱诚基固化形象”的原则，业主委托德国设计大师盖博（Eckhard Gerber）教授对本项目进行改造方案设计，上海中森建筑与工程设计顾问有限公司作为设计牵头单位，对该项目地下两层地库及地上四层产权清晰的裙房区域（改造建筑面积 11.4 万 m^2）进行重新设计并保证方案的落地与实施。

我们从提升商业空间、改善交通流线、强化服务体验等方面入手，同时兼顾立面改造、消防要求，力求通过改造唤醒建筑的商业活力，激活老城区土地价值。

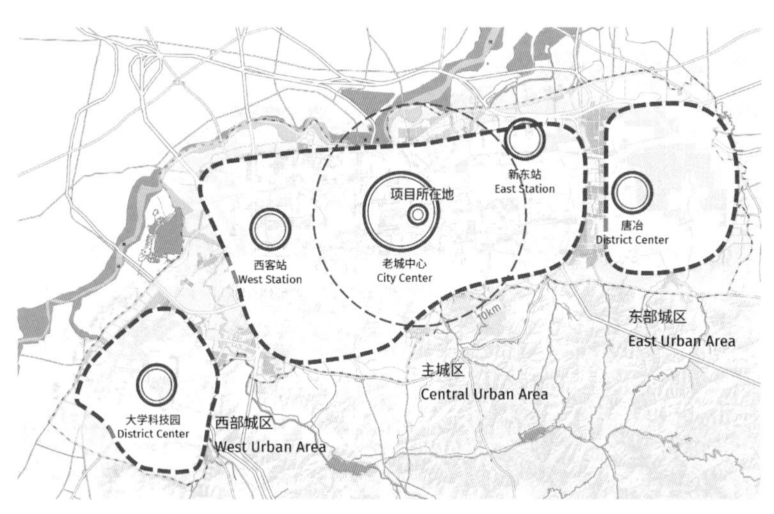

图 2-4-1　项日区位图

图 2-4-2　改造前项目外观

图 2-4-3　改造后的建筑实景

图 2-4-4　改造后的建筑夜景

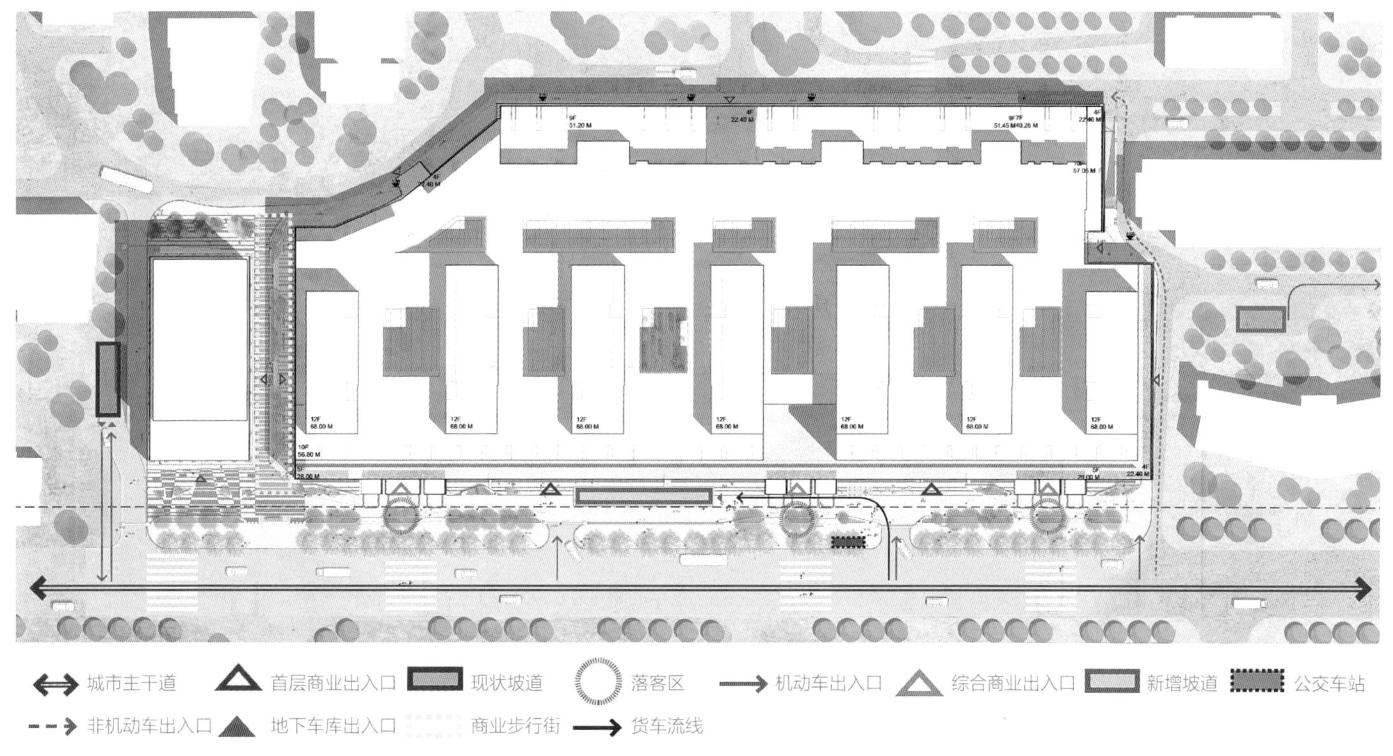

图 2-4-5　交通分析图

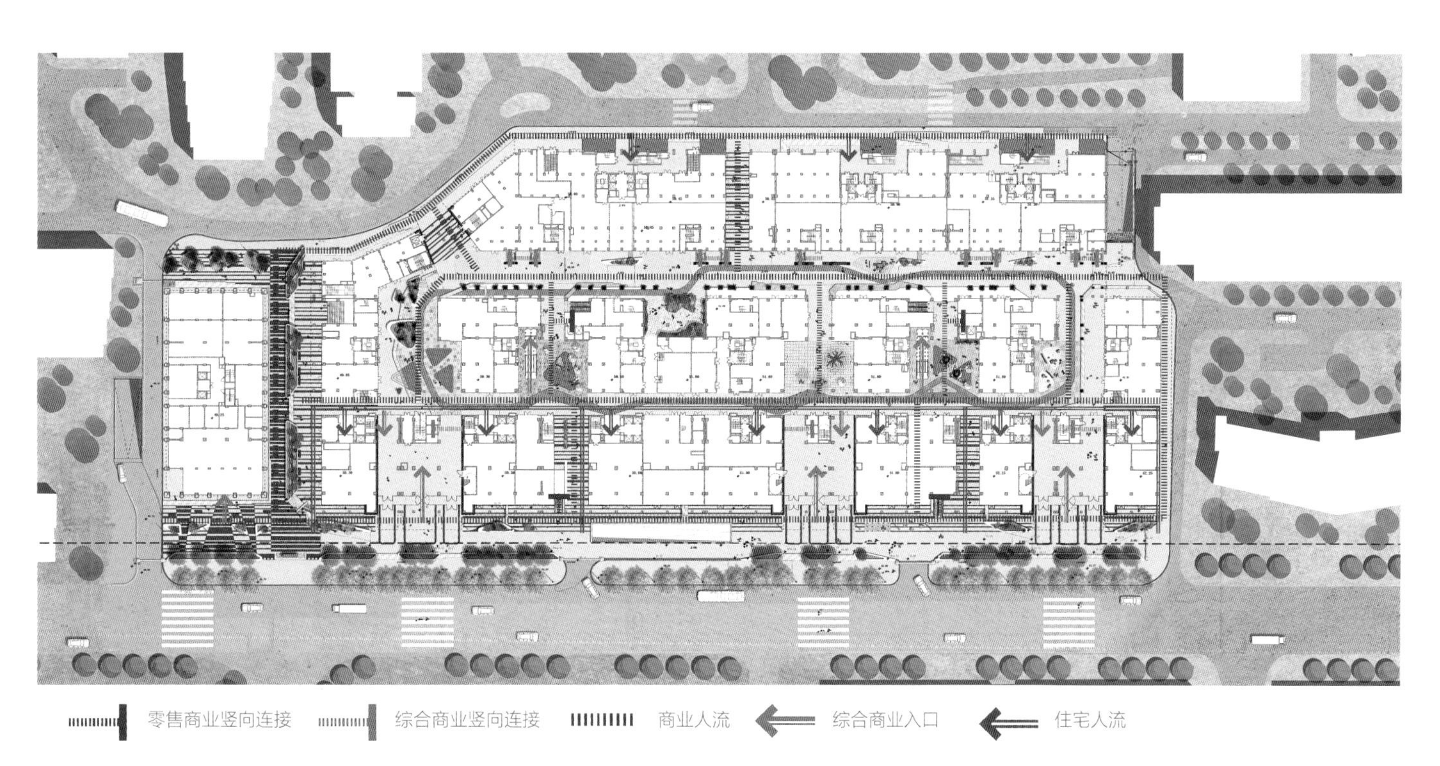

图 2-4-6　人员流线分析图

● 设计亮点

（1）“洗心”·“革面”

设计团队通过对建筑既有空间及结构要素的分析，大胆采用了“加”“减”“乘”“除”的更新手法，对建筑实施了外科手术式的改造，对内“洗心”，对外“革面”，通过布局、材料、场地标高变化、景观的巧妙融入等手法，使原本的烂尾楼“涅槃重生”，获得全面升级。

（2）“加法”——空间重构

将原本难以利用的零碎空间进行统合、归并，拆除部分格子铺，形成对外开放的公共空间，使首层商业功能与原有的柱网结构、楼梯间巧妙地融为一体，化身为富有趣味的休闲空间，结合景观设计营造都市森林意境，为市民提供亲近自然、运动、休闲、生活服务以及举行各类活动的休娱空间和交流场所。

图 2-4-7　改造前建筑内部空间

（3）“减法”——化繁为简

通过拆除既有楼板、多余扶梯等，使空间简洁明了、可使用。例如，我们选取三层靠东侧的中庭，拆除现状扶梯和部分楼板后，形成上下挑空空间，局部通高，空间使用效率大大提高，在此基础上将其改造为路演及商业发布空间，实现了空间的活化。针对现状建筑存在的由东向西、由南向比的不同高差，设计以减少高差变化为出发点，拉通场地，最大可能地消减高差对建筑室内环境的影响。结合因地制宜的各类主题院落空间、24 小时线下体验店、展廊、运动健身等功能，丰富空间体验。

图 2-4-8　改造前后庭院空间对比

（4）“乘法”——添彩赋能

通过对平面空间的重新设计与功能再造，全面提升空间及功能品质。

原建筑一共有 11 个天井，由于历史原因以及疏于管理，均成为垃圾汇集点，高空抛物不断，严重影响下部商业以及行人的安全。设计团队将其中一个天井封闭改造为通透、高大的多功能空间，用于共享会议、展览、活动演出，以此丰富空间和功能的多样性。其余 10 个天井通过设置玻璃天窗，将内中庭打造成商业流线上风格各异的景观节点。这些中庭极大地提升了项目的空间品质，形成了内部空间的起伏跌宕、开合变化，给体验者带来视觉震撼，成为项目的亮点。

图 2-4-9　首层庭院改造效果示意

（5）“除法”——立面更新

对原有建筑外立面进行除旧更新，汲取传统砖石建筑的稳重特点与济南当地文化特色，以富有质感的红色陶砖幕墙为更新立面，使用订制的单层穿孔陶砖内穿钢索悬挂，巧妙地将原本的巨型体量化解成近人尺度，利用通风百叶结合窗洞的设计，形成大实大虚的韵律感。建筑主要出入口上部采用大面积的玻璃幕墙，陶砖幕墙局部点缀镂空砖，赋予商业建筑丰富的立面光影效果和形态

图 2-4-10　外立面改造实景

图 2-4-11　建筑入口改造实景

图 2-4-12　沿街空间改造实景

变化，配以宽大舒展的大悬挑玻璃雨棚，凸显大气、端庄的同时，也大大强化了入口的引导性。

三、专家点评

秉承习近平总书记“人民城市人民建，人民城市为人民”的指导思想，历下控股集团作为济南市和历下区城市开发的先行者，认真践行以人民为中心的科学发展观，努力为新时代城市现代化建设打造精品，倡导绿色节能发展理念，为提升社会大众的生活品质做出努力。该项目改造前存在形象、环境、安全、功能等诸多问题。经过全面改造设计，项目外立面焕然一新，内部环境品质大幅提升，采光环境及内部装修风格独树一帜，营造出了良好的城市界面，极大地满足了内部的办公和商铺使用需求。我们将持续坚持以盘活存量资产，打造让老百姓感受温暖的城市为目标，在新时代的征途中，为提升社会大众的生活品质作出努力，创造一个个让人民群众满意的美好生活场所。

济南历下控股集团有限公司

上海浦东民生码头 E15—3 街区

一、项目信息

设计单位：（建筑方案）EID Arch 姜平工作室
（景观顾问）上海翰祥景观设计咨询有限公司 / 上海兰境景观设计咨询有限公司
（室内顾问）DU Studio 向合空间
（建筑施工图）TIANHUA 天华
设计人员：（EID Arch）姜平、陆生云、林晓海
业主单位：中华企业股份有限公司 / 上海地产（集团）有限公司
项目时间：2015~2021 年
项目面积：38240m^2（建筑 / 设计面积）
项目地点：上海市

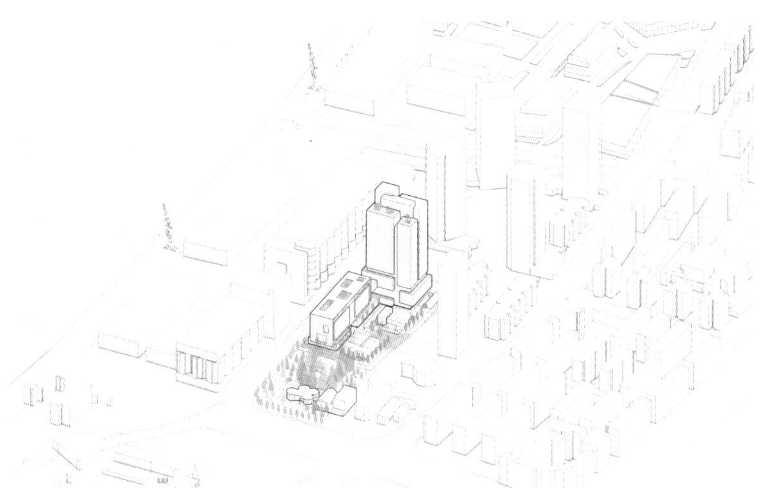

图 2-5-1　空间体系建构

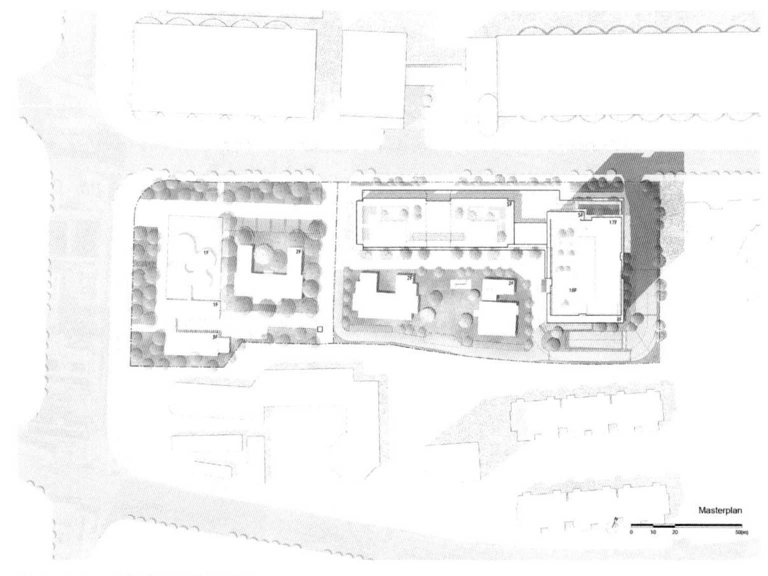

图 2-5-2　项目街区总平面图

二、项目说明

在上海浦东民生码头 E15—3 街区城市更新项目中，面对周边新旧建筑杂糅的城市环境，建筑师以“城市空间的赋格”为介入逻辑，结合有机更新的理念，通过对周边城市关系的梳理，缝合新旧城市肌理，重构街区空间关系，为浦东民生码头滨江片区的城市空间注入活力。

项目基地毗邻浦东民生码头，是著名工业遗址与历史文化保护建筑围合的街区。在基地西北侧，是民生码头中极具震撼力的工业遗产——八万吨筒仓改造项目。“L”形的地块退让出的空间南侧是三幢低矮的历史保留建筑，是早年由英国公司——公和洋行设计的德式花园别墅。由于其周边环境的复杂性和历史文脉的特殊性，项目基地是在杂乱无序的城市语境中被“挤压”出的一个城市空隙。E15—3 街区城市更新项目历时六年，设计介入的范围包括：新建“L”形地块办公及配套，基地西侧地块老建筑的办公空间改造，历史文保建筑的风貌协调与基地内部街区营造，以及西侧临时建筑文化艺术空间的植入。

新建的办公项目同时面向城市与内部街区，是 E15—3 街区城市更新项目的设计核心。项目占地面积约 9640m^2，建筑面积约 4 万 m^2。在整体设计策略上，塔楼拉高整体高度、减少标准层的面积，偏心设置核心筒，以争取最优化的景观条件，于建筑高区可以俯瞰整个黄浦江景。部分办公空间以顺极而流的形态，被延续折叠

图 2-5-3　新旧对话的街区营造

成亲切宜人的低层体量，以此呼应南侧低矮的文化保护建筑群，楔入场地中，塑造城市空间新旧肌理融合交织的新格局。

在设计手法上，“消解”与“对位”成为关键词。设计团队采用“化整为零”的手法，将整体化解为四个竖向起伏相契的玻璃盒子，既保证了功能空间的统一，又在立面韵律上与周边筒仓工业遗址产生时空的对话，有关新与旧、有关历史与现代、有关保护与传承。塔楼和裙楼之间以横向通廊连接，除了满足建筑本体内交通的便捷性，在更大图景上对西北侧体量韵律感极强的筒仓项目起到了“对话”与“破题”的作用——“空间赋格”设计逻辑的核心得以体现：跃动起伏的变化中保持格调一致，简约体量的设计中以细节呼应。

图 2-5-4　对话城市的有机更新

上海浦东民生码头 E15—3 街区城市更新项目在完成建筑本身功能需求的同时，不但有力回应了城市抛出的问题，完善肌理脉络与结构，并且作为植入的新空间也激活了旧有环境。它们以织补的手法完善城市空间结构、以空间赋格的逻辑对位城市周边环境、以“针灸式”的细腻姿态温和介入整体场域中，在滨江沿岸串联出全新的办公商务空间、旧改建筑和临时文化展陈空间，为城市生活带来更深层次的价值提升。

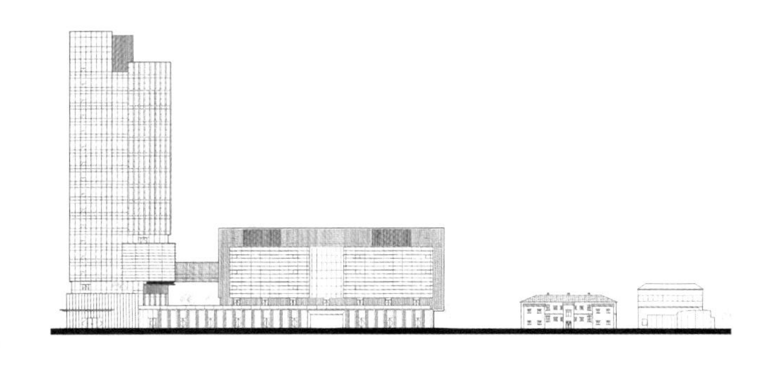

图 2-5-5　项目街区北立面图

图 2-5-6　新旧“缝合”的街区

图 2-5-7　焕新的街巷空间

图 2-5-8　二层露台的空间对位

三、专家点评

在城市永不停歇的更新迭代之中，黄浦江工业水岸承载、记录着上海几代人的生活记忆。已逾百年的民生码头是上海浦东滨江带的重要节点，E15—3 项目在这样位置上，面对历史的厂房、仓库、别墅及筒仓等不同语境下的建筑，在有限的空间中植入了一个“渴望对话”的新成员。在滨江带上建筑师巧妙地将 “空间赋格”的曲式逻辑运用在项目的建筑设计中，与在艺术中重生的工业旧址筒仓形成了新旧融合的天际线轮廓与滨江形态。

项目积极地回应了城市环境与历史建筑，试图通过新建筑与空间的参与，为城市提供仅属于此时此地的生活场景。项目严谨的空间对位关系、体量处理、材料选择与细部做法，处处都彰显出设计团队对于周边环境的尊重。也恰由此，方能自然而然地将人们对于城市的感知和热爱注入开放融合的商业空间、不同标高的露台空间、竖向叠加的共享中庭中。

该项目表现出存量建筑更新时代令人振奋的价值实现：建筑师敏锐地将其对城市未来的想象、对当代生活的理解，与城市历史空间相融合，体现出具有丰富信息叠加的场所精神。本项目和而不同地融入了滨江沿岸的公共空间系统，与周边建筑和环境协同激活城市生活。

清华大学建筑学院教授　韩孟臻

上海赛特工业园改造修缮项目

一、项目信息

设计单位： 上海中森建筑与工程设计顾问有限公司
设计人员： 高路、鲜奇武、翁攀、于振波、李樟、江怡璇、孙明月、张家瑜、高赟
业主单位： 上海名城实业有限公司
项目时间： 2018~2020 年
项目面积： 25804m^2（建筑面积）
项目地点： 上海市

二、项目说明

● 项目概述

基地位于上海市杨浦区军工路 1300 号，原为上海茶叶厂仓储区，由 20 世纪 80 年代所建造的办公、物流仓储用房组成，后更名为赛特工业园。改造前园区整体使用率低，除部分楼栋的首层作为快递公司物流中转站，其余楼栋基本空置；交通组织混乱无序，停车位不足；现有建筑陈旧破损、环境脏乱，且安全隐患严重，被列为上海市“五违四必”重点整治区域之一。

结合基础现状的踏勘梳理，我们希望园区的改造不仅能推进项目自身的环境综合整治，更能为区域发展释放出更多公共空间和产业空间。因此，改造之初我们就确立了“产业升级、空间优化、交通改善、环境提升”的宗旨，意图将日渐边缘化的工业厂区重新唤醒，以富有创新和活力的现代化产业园形象，重新融入周边高新技术产业区的氛围。

● 改善交通，激发园区活力

亟待解决的是园区交通问题。改造前的赛特园至城市道路—军工路仅有一个弄堂出口，进入园区的唯一通道是一段近 500m 长的尽端式里弄路，且弄路的宽度只有双向两车道，交通可达性极差。

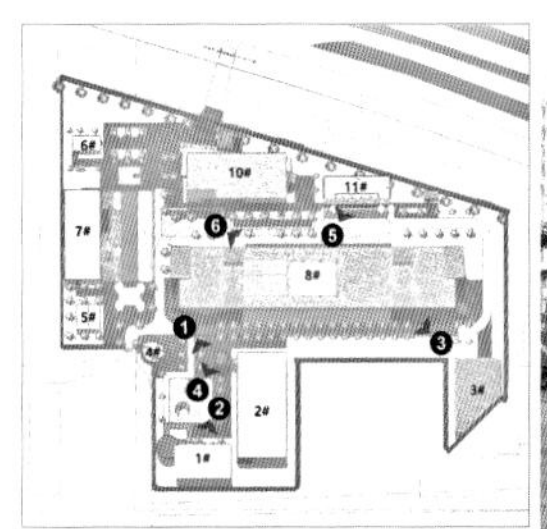

1. 园区环境脏、乱、差，车辆就近靠园区停放，环境杂乱。
2. 园区建筑空置严重，仅有部分楼栋1层作为快递公司货物中转基地使用，其余楼层均已空置。
3. 建筑立面老旧，墙面脱落严重，建筑整体看上去没有活力，没有现代化园区应有的精神面貌。

图 2-6-1　项目改造前状况与主要问题

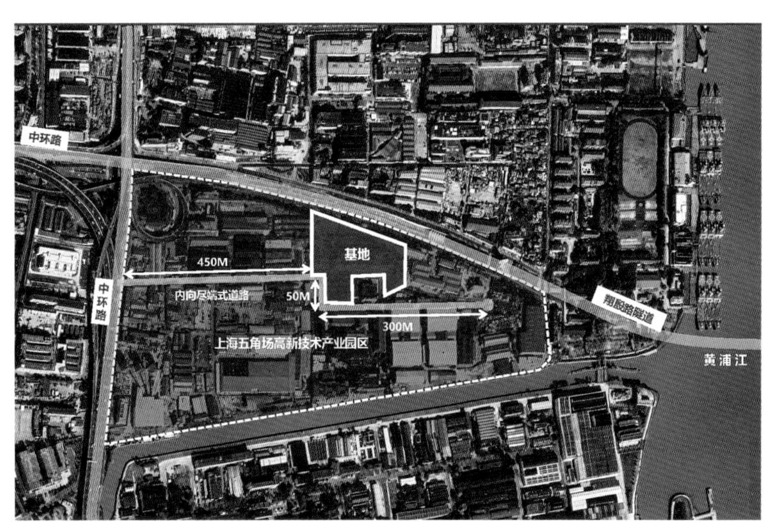

图 2-6-2　项目区位与改造前交通流线图

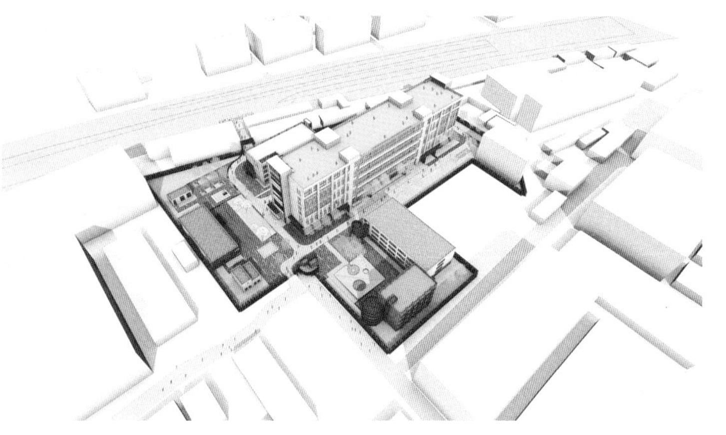

图 2-6-3　改造后的总体效果图

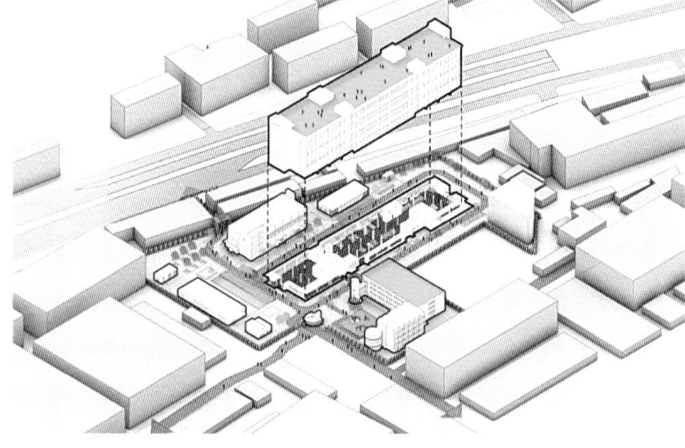

图 2-6-4　改造策略分析图

图 2-6-5　改造后园区透视图

在与交管部门沟通、协商后，项目组充分挖掘现有资源，重新启用了基地北侧已废弃的临时出入口，打通了北侧翔殷路的接驳，极大提升了交通可达性，并在白天时段将该出入口及园内公共空间向周边“邻居”地块开放和共享，解决自身旧有矛盾的同时，也有效提升了相邻园区的交通便捷性，打通旧有片区的堵塞节点，具有城市更新的共享和疏导双重意义。

● 调整空间功能，助力产业升级

我们着力于内部功能空间调整，将对于产业升级的理解注入具体楼栋，提升园区业态功能，进一步完善复合功能，满足现代化的办公和产业研发要求。1 号、2 号楼更新为园区办公人员的长租宿舍，与 1 号楼门厅相接的两层圆形空间改造为园区餐厅及 24 小时便利店。通过新业态的引入，完善便捷服务的同时，也提升业态品质；7 号、8 号、10 号、11 号楼改为研发办公楼，进行功能更新完善及立面修缮。

伴随着园区产业转型升级对配套设施需求的进一步释放，旧有的停车空间显然无法满足未来需要。我们通过多方案比选以及与各利益主体的协调、沟通，最终达成共识：不能因增加车位而减少绿化面积，而是将中央主楼的底层改为架空空间，用于解决停车位不足的问题。此举共计增加了近 80 个车位，同时重新组织架空层的人行流线，就近停车问题也得到了妥善解决。

底层架空不仅改善了园区停车问题，我们也借此将被大体块主楼所分割的场地重新连起来，场地的完整性得到了最大限度地提升。局部挑空空间和场地中的镜面水景，使得底层景观连续、视线贯通，进一步丰富了园区的空间感。

此外，利用主楼高层视觉资源而设置的屋顶花园，提供了眺望黄浦江的观景平台。以地理位置的优势提升改造项目的价值和使用者的舒适性，重塑和提升了旧有园区及相邻街区的价值。

● 立面更新，历史与新生融合

原建筑外立面均为涂料材质，质感平淡，面状剥落，保留意义甚微。为了匹配园区的新定位，在充分结合改造成本因素后，我们采用涂料颜色变化和结合窗洞色块划分的方法，通过如“马卡龙”色般轻快的灰白和蓝灰色彩搭配，并辅以局部穿孔铝板，丰富立面感官，也化解了大体量建筑对基地带来的压迫感。

在园区入口的醒目位置，我们保留了两处旧有建筑中的立面质感——圆柱楼梯间和食堂体块上的红砖，在园区获得新生的同时，风化的红砖和穿孔锈板也映射了些许原址的时代记忆。

● 项目小结

修缮后的园区功能及其配套都得到了巨大的提升和完善，管理上引入智慧园区的方式，景观上采用了海绵城市等技术方式进行建设。建成后的建筑淡雅、悦目，景观环境宜人，老旧的工业园区焕发了新的生机。

赛特园区的改造被设计赋予了新的时代气息，承载了往昔岁月的些许痕迹，再次激活了园区的活力，重新塑造了所在街区的记忆和形象。

图 2-6-6　改造后的园区景观效果（组图）

图 2-6-7　改造后的园区透视图（组图）

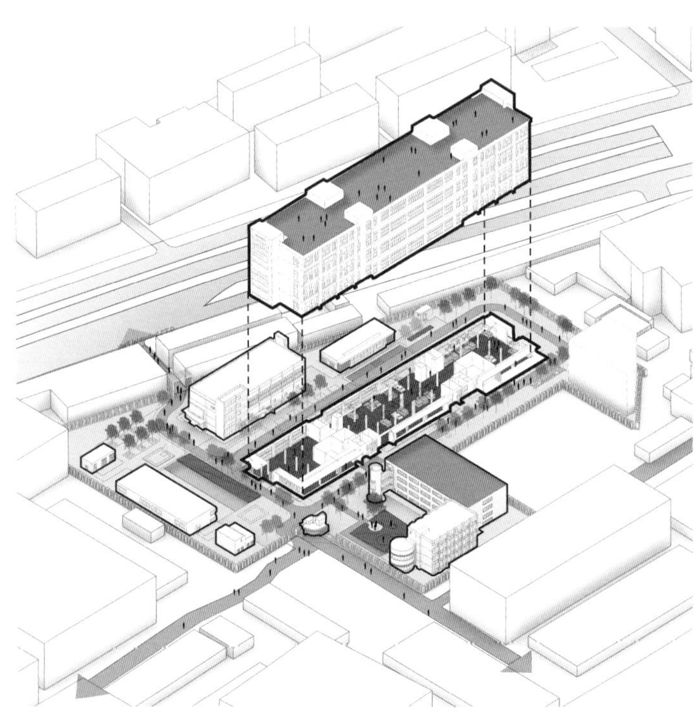
图 2-6-8　底层架空改造策略分析图

图 2-6-9　架空层效果图（组图）

图 2-6-10 建筑细部（组图）

图 2-6-11 改造前后记忆点（组图）

三、专家点评

赛特工业园作为市中心小型工业园微改造的案例，改造的重点目标是改善园区原来的脏乱环境，解决因群租等导致的安全隐患问题。项目改造以“产业升级、空间优化、交通改善、环境提升”为重点，通过改善园区的基本配套功能、公共空间和外部形象，同时引入智慧园区管理、海绵城市等技术手段，从而达到提升整体产业办公功能和有效租金的目标。

设计策略上，项目团队抓住了几个关键要素：一是通过将主楼底层的核心筒以外的部分架空，打通了园区整体的交通可达性、公共和景观空间，使得主楼底层的南北场地贯通，也有效缓解了停车位不足的压力。二是利用主楼高层的视觉资源，设置屋顶花园，提供观望黄浦江的观景平台，凸显了项目的整体区位优势。三是通过立面上涂料颜色的变化与窗洞的色块比例划分，用相对经济的设计手法重塑了新立面的特征。通过抓住设计的重点要素着力发挥项目特色，项目团队打造了赛特工业园活力型、创新型的旧城更新类的产业办公社区。

上海城投资产集团副总工程师 邬晓华

第三章

文化机构

东台图书馆改造

一、项目信息

设计单位：（建筑外立面设计）上海和睿规划建筑设计有限公司
（建筑幕墙深化、结构改造、二次机电）AAD 长厦安基工程设计有限公司
（室内设计）成都象上空间设计有限公司（简称“象上空间”）、上海和睿规划建筑设计有限公司
（景观设计）上海伍鼎景观设计咨询有限公司
设计人员：（上海和睿）吴文博、陈涵非、张宇豪、黄若蓉
项目时间： 2021~2022 年
项目面积： 29974.2m^2
项目地点： 江苏省东台市

图 3-1-1　概念草图 1

图 3-1-2　更新后实景 1

二、项目说明

● 项目概述

相较于以往，公共建筑的功能复合化在今天的城市建设中越来越成为共识， 图书馆也不例外。

“东台”这一名称已在中国历史上沿用了八百余年，位于黄海畔的这座城市具有悠久的历史、深厚的人文底蕴、繁荣的经济，正努力建设人文与 自然景观相融的宜居环境。东台新图书馆位于范公北路西侧、黄海路南侧， 紧邻片区核心，位于城市主轴之上，属于低开发强度的城市重要节点区域。 在我们接手方案的时候，图书馆的土建结构已然成形，但设计已时过境迁， 原设计从硬件设施到软件配套，都滞后于高速发展的时代。虽是新馆，却已经面临更新改造的局面。

图 3-1-3　更新后实景 2

图 3-1-4 建筑实景 1

图 3-1-5 建筑实景 2

图 3-1-6　更新后夜景 1

图 3-1-7　更新后夜景 2

图 3-1-8　更新后夜景 3

● 建筑设计

传统意义上，图书馆是历史记录的载体、文化传承的场所，是一个功能指向特别明确的建筑类型。随着时代的发展，东台市政府希望它能够体现城市的开放精神，提供以图书阅读为基础的种类齐全的多样性功能与服务，同时提供低碳、绿色的优质环境。那么，如何才能将这个图书馆从一个厚重、严肃的形象改造为一个崭新、开放的、对当代人有吸引力的公共场所？如何凸显与周边严肃建筑的强烈反差，从而制造一种戏剧的冲突性？这些是我们思考图书馆改造的设计出发点。

为了确认建筑形象的立意，我们以“书帆”为概念为建筑形象立意，意指以书籍为船帆、文化为希冀航向未来的东台。

建筑立面为经典的三段式，1 ~ 5 层分别采用通透的玻璃幕墙、外挂冲孔压型铝板以及内衬遮阳帘的玻璃幕墙，形成了三个清晰的横向体量，造型简洁纯净，犹如三本书，堆叠在城市核心的建筑群之中。

图 3-1-9　更新前后对比

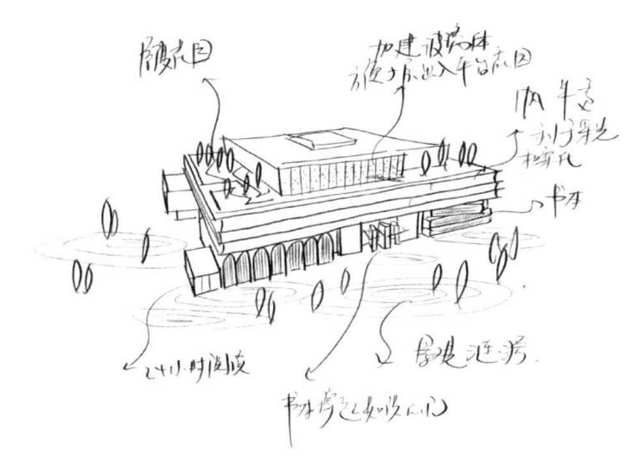

图 3-1-10　概念草图 2

建筑首层采用现代的幕墙体系，形体简明，色调纯净。二层、三层采用外挂冲孔压型铝板的幕墙，在满足自然采光的前提下，将建筑的原有外墙遮蔽，同时形成双层立面的叠加效果和虚实变化。沿街立面引入一系列跳跃的圆弧，既丰富了视觉体验，又隐喻了“打开的图书”。

四层、五层为内衬遮阳帘的玻璃幕墙盒子。每当夜晚时分，建筑照明亮起，玻璃幕墙的直白、透亮和冲孔铝板的细腻、朦胧，为建筑笼罩了一层干净的光晕。特别是图书馆置于严肃、庄重的行政办公区，随之而来的强烈对比，带来了意想不到的戏剧性。不同的风格和跨度，出现在同一场所，宛若一场超现实的时空错位。在这个新与旧、轻盈与庄重的对比中，双方反衬彼此，进而同时获得了存在的意义，形成一种对立、共生关系。

从功能排布上，我们在一层、二层引进了与图书相关的多业态功能，希望它成为充满活力的公共空间和活动场所，使人们在阅读时间之外也可以在这里找到停留的理由。首层空间和室外的广场以及景观无缝连接，室内外的通透进一步加强了其公共属性。而三层及以上，则是安静阅览、查找资讯、沉浸学习的场所，与下部的活力场所形成了鲜明对比。“书山”和外部的屋顶露台则为空间增加了更加宜人的气息。

图 3-1-11　夜景鸟瞰

图 3-1-12　建筑细部

图 3-1-13　分析图（组图）

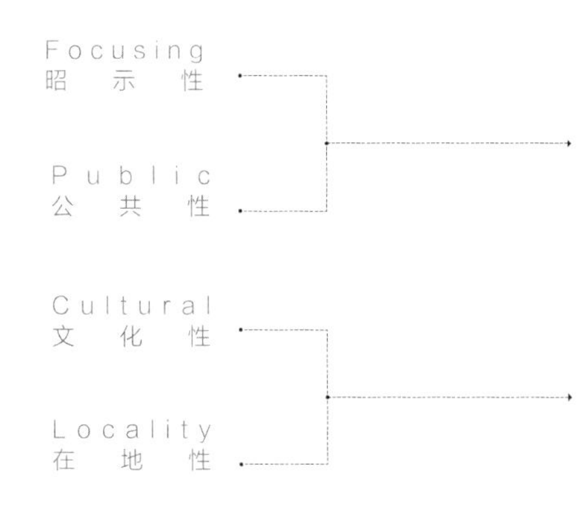

通透 / 开放

提升整体建筑立面的通透性，打破原有建筑严肃、封闭的立面状态，加入室内光的运用，以更包容和开敞的立面形象提升建筑的公共性

概念立意

通过对立面形态的把控，营造其形象的立意，不仅使参与者易于与建筑产生对话，同时理解建筑整体气质带来的文化性启发

图 3-1-14　概念图示

图 3-1-15　更新后实景 3

图 3-1-16　更新后实景 4

图 3-1-17　更新后实景 5

图 3-1-18　更新后实景 6

图 3-1-19　更新后实景 7

图 3-1-20　室内实景 1

图 3-1-21　室内实景 2

● 室内设计

以书为帆的概念促使我们构想将共享大厅用一条富有活力及秩序美感的轴线进行贯通。集展示、体验、休闲于一体的立体长廊，可以“有机”联系各个区域，形成一条全方位、有活力的轴线，让图书馆不再是一座严肃的建筑。

图 3-1-22　室内实景 3

图 3-1-23　室内实景 4

● 景观设计

景观设计打造贯穿地块的核心流线：景观走廊与景观水体。在建筑主入口处形成景观广场节点，让树木、草地和广场成为自由交织的脉络，形成一圈又一圈的“涟漪”；呼应建筑“书之船” 的概念。用地北侧依托地形形成局部谷地风貌，并布置各景观功能区：密林、草坡、凉亭、水上演绎平台、彩虹桥、儿童游戏区、旱喷泉带、休闲沙滩、水生植物展示区。通过强调景观空间与环境的灵活多样，打造充满趣味的市民活动区，并以此凸显市民中心建筑。我们设想，将景观自然造物的手法贯穿始终，利用前场绿地，连接城市绿地系统，将自然而生的场景归还于生活，提高市民活动参与的积极性。

图 3-1-24　鸟瞰图

突破常规的设计模式，设计在功能、空间体验、视觉上都做了新的创新和尝试，希望在严肃的公共建筑中注入一种新的活力。在空间体验上，灰空间与中庭空间结合，露台与屋顶花园结合，让建筑灵动精致；色彩体验上，白色与灰色交织的墙面映衬着摇曳的树影，在晴朗的日子格外耀眼。呼吸幕墙反射着千变万化的光与影，在不同的时间里呈现出不同的迷人感；绿色体验方面，设计将百叶遮阳和呼吸幕墙利用其中，营造绿色与节能的效果。

图 3-1-25　室外景观

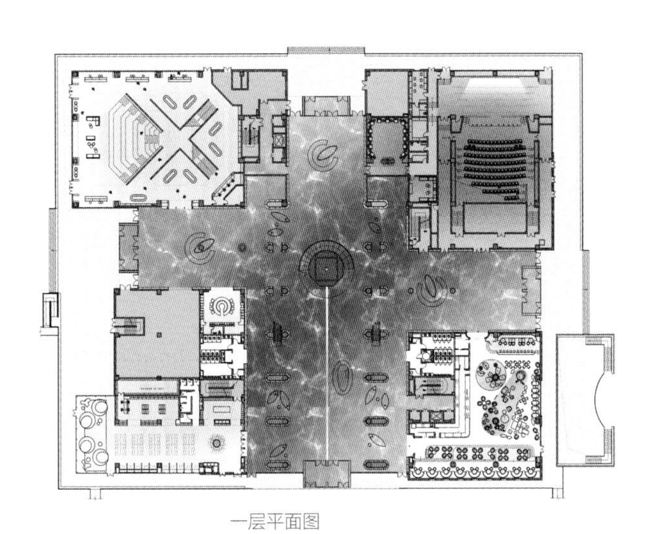

一层平面图

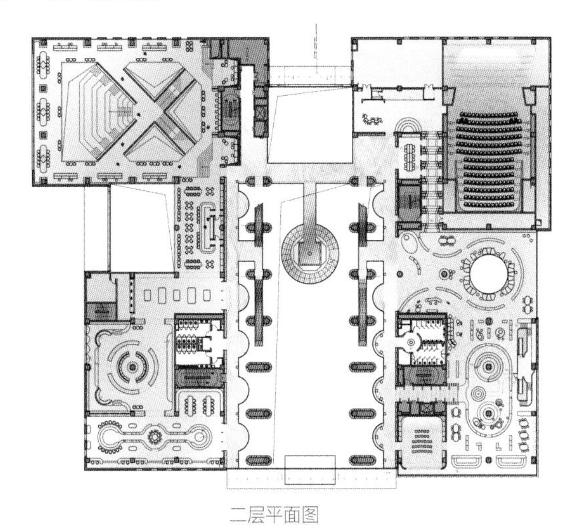

二层平面图

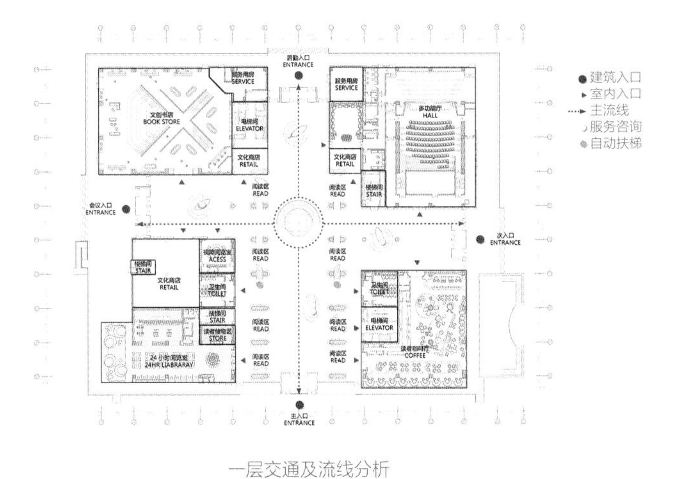

一层交通及流线分析

二层交通及流线分析

图 3-1-26　平面图、交通流线分析及平面布置图

三、专家点评

从场景和事件出发，新时代的图书馆不再是单纯的现实阅读空间，明面上的功能——资料查阅和书籍借取——被弱化，或者说图书馆成为组织多元应用场景的基础性元素。

东台图书馆就是这样一座建筑：以“书帆”为概念并作为建筑形象，意指以书籍为帆航向未来的东台。这是一个结合了聚会、商业、观演等社会公共生活的阅读空间，简洁、克制而又不失活力的体量彰显了其文化属性，而立面上下材质的不同透明度则暗示了内部丰富多彩的功能布局。它的复合多样性和功能的可变性，正成为城市生活的事件发生地和展示舞台。

象上空间　陈龙

喧闹街道之间，红色革命之馆
——顾正红纪念馆扩建项目

一、项目信息

设计单位： 上海中森建筑与工程设计顾问有限公司
设计人员： 张男、张晓远、谢金容、常润泽、陈舒婷、熊振林、柴玉叶、张慧杰、关天一
业主单位： 上海市普陀区顾正红纪念馆
项目时间： 2020~2021 年
项目面积： 200m^2（建筑面积）
项目地点： 上海市
摄　　影： 陈旸

图 3-2-1　入馆先导空间与保留的白玉兰树

二、项目说明

近百年前，上海日商纱厂的一位二十岁的年轻工人顾正红，以他戛然而止的生命瞬间，点燃了“五卅运动”的熊熊火焰。在当年的烈士殉难之地——上海市普陀区澳门路 300 号顾正红纪念馆，在建党百年庆典之前，完成了改扩建，以新的面貌呈现在我们面前。

在喧闹的街道上，左右两侧均为居住小区。原展馆及场地都很狭小，扩建之后依然不大，故将景观设计纳入整个展览流线中来，以此扩展有限的室内展示空间。针对特殊的场地条件现状，设计采取了多种综合性的改造策略。

建筑设计的策略为红色主题与更新改造并行。加建新馆在极狭小、局促的场地上向南扩出一个跨两层的展厅。新馆造型采用了耐候钢板塑造的一组错动的立方体组合，利用结构内退、四面悬挑的方式，既强化了体量的沉稳、刚毅，又表现了形体组合的错落、灵动，与红锈的质感共同隐喻了党领导下的中国工人运动的曲折、壮烈与坚毅。

立面体块错动并嵌入玻璃体，点出建筑内的公共空间。玻璃体内为环绕通高耐候钢板的三跑楼梯，以耐候钢板为背景，楼梯下设置小讲台，可开展人数不多的小讲坛。新馆二楼东侧有室外楼梯直通屋顶。屋顶上有省思空间，置身其中望向国旗，以车水马龙的现代都市为背景，可忆苦思甜，反思己身。

景观要素参与建筑空间的组织为本项目的一个重要策略。延续建筑设计意图，体现红色主题的肃穆、刚毅，利用新老建筑空间的特点重新组织路径，尽量利用原有景观元素和植被，烘托气氛，延续场所记忆。

原馆东侧一条狭窄的通道通往殉难处遗址，此通道也被纳入整个参观路径，形成缅怀瞻仰空间。景观设计时将入馆前、馆内/馆外/殉难处通道北行（渐窄）、通道反向南行（渐宽）这三个区域，空间可能发生的行为串接成一

图 3-2-2　从礼仪广场看纪念馆

图 3-2-3　顾正红纪念馆改扩建前后实景对比（组图）

图 3-2-4　顾正红纪念馆改扩建后实景

图 3-2-5　锈蚀耐候钢板材质与错动的立方体造型隐喻百折不挠的革命精神

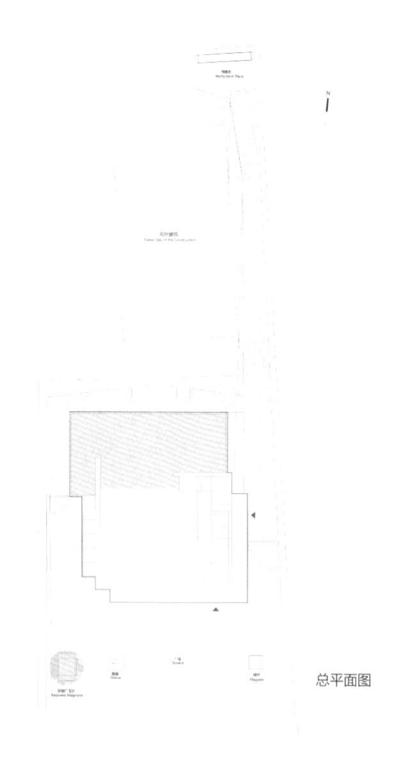

总平面图

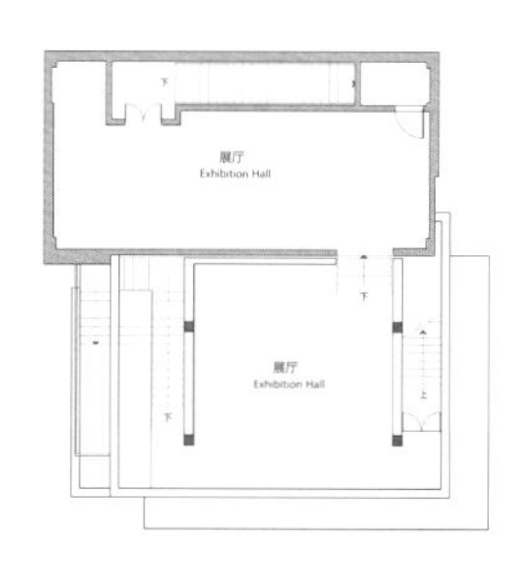

二层平面图

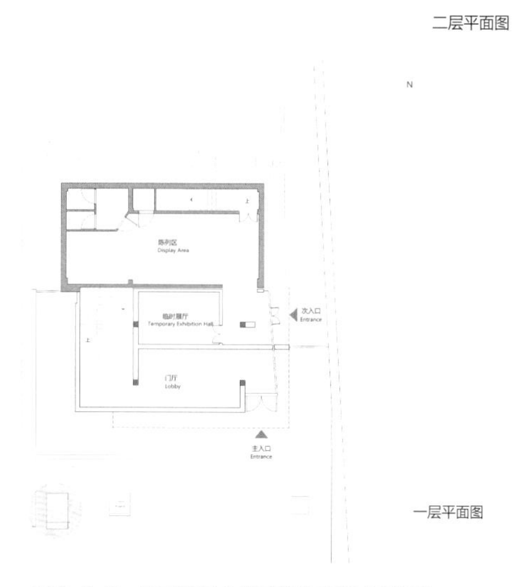

一层平面图

图 3-2-6　顾正红纪念馆扩建平面图（组图）

条连贯的心理变化动线，与展示内容嵌合，并在红色革命主题与当代城市生活之间建立了密切的对话。

建筑扩建后，南侧仍然留出了临街的一小块广场，既有助于烘托建筑应有的肃穆气质，也使其与喧闹的街道之间留出必要的过渡空间。更重要的是，利用这一块有限但方整的南广场，将烈士塑像、红旗和主题泛雕（均为原馆室外展品）重新挪位、排布，构成一组东西轴向的礼仪性广场，成为可举行多种活动的入馆前先导空间。

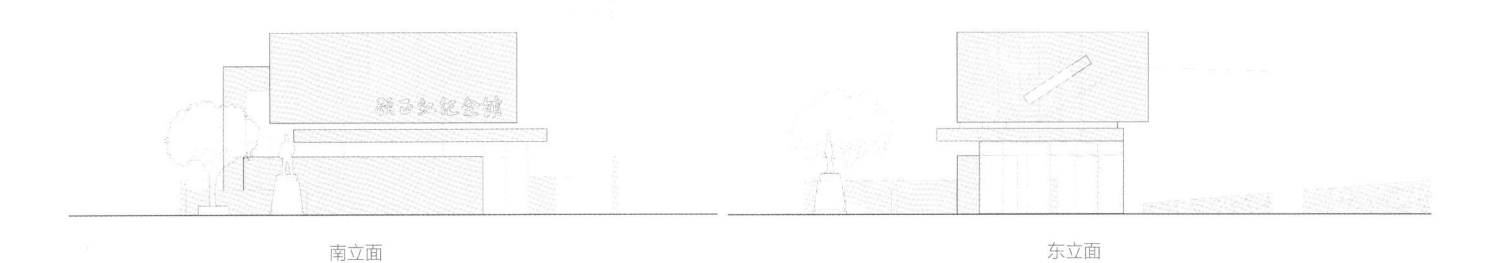

图 3-2-7　顾正红纪念馆扩建立面图

图 3-2-8　通往殉难处的通道 1

图 3-2-9　通往殉难处的通道 2

图 3-2-10　通往屋顶的室外楼梯

图 3-2-11　利用景观要素参与建筑空间的组织

图 3-2-12　南侧礼仪广场与入馆先导空间

广场地面铺装采用了三种色彩与质感有微差的石材组合，在强调仪式感的同时也隐喻了“红色之花”。围绕一棵保留下来的白玉兰树，设计了一组简洁的休憩空间，这也是融合红色主题与公众日常生活的尝试——公共空间为城市中的人民服务，这也应是城市恒久的主题。

三、专家点评

作为一个献礼建党 100 周年的、用地面积不到 100m^2 的“红色建筑”扩建工程，设计建造最需要处理的关键问题：一是时间紧，二是用地局限，三是其象征意义。

项目设计师在最短的时间内，以最容易实现的方式在“螺蛳壳里做道场”，实现了新旧建筑在空间上的延续，同时将部分展示内容延伸到室外，扩展有限的室内展示空间。利用耐候钢板材质自身的特征打造建筑特有的时间肌理，采用多种设计手段塑造出这个小小的建筑沉稳、生动、富有层次的造型。从修建开始，建筑的颜色随着时间的推移而逐渐产生变化，寓意顾正红的事迹在党的历史长河中历久弥新。

《建筑时报》主编　李武英

图 3-2-13　利用楼梯下空间改造的小讲堂

广州市新河浦恤孤院路 7 号改造项目

一、项目信息

设计单位：（建筑方案 / 室内）汉森伯盛国际设计集团
（建筑施工图）广东德轩建筑咨询有限公司
设计人员：（汉森伯盛）盛宇宏、冯奇、孙晓龙、孔琳欣
（粤秀盛高）谢露、黎英健、陈楚宇
（德轩）施宇慧、马志亮、郑志忠
业主单位：广州粤秀盛高城市开发运营管理有限公司
项目时间：2020~2021 年
项目面积：316m^2（用地面积），1084m^2（总建筑面积）
项目地点：广东省广州市
摄 影 师：张庆令

二、项目说明

广州市新河浦恤孤院路 7 号位于广州市越秀区新河浦历史文化街区，在中共三大会址文保建筑逵园西侧，与南侧中共三大会址广场和纪念馆一路相隔。该栋建筑建于 20 世纪 60 年代，建筑面积为 1084m^2，改造前为居民楼，被鉴定为 D 级整栋危房后空置。

该建筑作为中共三大会址广场的重要景观组成部分，改造工程旨在通过对外立面翻新、整饰使之与街区风貌相协调。同时，通过对内部结构的适应性调整以活化建筑功能。改造后，恤孤院路 7 号定位为公共空间，在此可使用沉浸式展览的技术手段，主办各种与在地文化相关的系列活动，与周边文保建筑相辅相成。

● 主要建筑形式及特点

项目的外立面保持与新河浦片区整体风貌一致，同时通过对细部的设计，给既定的社区肌理加入陌生而有趣的元素。项目南立面面向中共三大纪念馆，在原立面基础上，改造方案为所有窗户添加耐候钢窗套，其斜面切割角度与纪念馆北立面呼应。窗套打破了传统砖砌形式，为建筑群带来了节奏感，也丰富了南立面的光影细节。窗套采用与街区风貌一致的暗红色，耐候钢与红砖的结合，是以现代的手法对新河浦片区传统建筑风格的致敬与转译。作为新河浦街区的“历史载体”，项目周围的文物保护项目以红砖建筑为主，如逵园一丁一顺的砖墙砌筑形式，中共三大会址纪念馆的平砖顺砌错缝手法，等等。

图 3-3-1 恤孤院路 7 号改造前

图 3-3-2　恤孤院路 7 号改造后整体风貌

图 3-3-3　恤孤院路 7 号改造前正立面

图 3-3-4　恤孤院路 7 号改造后正立面

恤孤院路 7 号也强调砖筑的传统形式，除了建筑整体内外均选用“老红砖”外，每一块砖的砌筑都保持了与中共三大会址纪念馆一致的 10mm 砖缝。

室内空间延续了整体建筑的红砖元素，通过老红砖与白墙产生的鲜明对比，再现当代语境下的地脉渊源。首层接待大厅的背景墙引用了五角星与建党节的“7”字元素，以参数化的设计手法展现视觉上的动感。楼梯以现代主义的体块与红砖促成传统与现代的碰撞，6 层通高的星星吊灯从垂直方向指引。一、二层的展厅凭借沉浸式的展览技术，用当代人喜闻乐见的手法，生动地展示党史专题。三层则采用了简洁的表现手法，打造了党课教室与办公空间。四层以顶层优势，将自然光引入室内，营造一个开放式的书吧。在对经典的细读中，培养广大群众对历史的了解与热爱。

● 新建筑材料或新技术的应用

项目在改造前为 6 层砖混结构，为解决危房的承重并配合改造后的沉浸式展厅使用需求，建筑师对已风化受损的砖墙进行创作，改以结构柱承重，并将 6 层空间改造为 4 层，展览空间层高为原来的双倍。然而，最大的挑战在于完全改造内部结构之时，仍需保持外立面的完整。为此，结构团队对现有承重砖墙两侧分别采用钢筋网喷射 50mm 厚的水泥砂浆，对墙面进行加固处理。为增加砖墙的稳定性，防止建筑在移除内部楼板与承重墙的阶段发生意外，工程师对负荷较大的节点安装临时性的扶壁。由于旧居民楼入口局限，不具备重型吊装机器入场的条件，改造过程中大至脚手架、小至砖材，皆以手工操作。

图 3-3-5 恤孤院路 7 号改造过程图（组图）

图 3-3-6 恤孤院路 7 号与中共三大纪念馆、逵园空间关系

图 3-3-7　恤孤院路 7 号四层图书馆 1

图 3-3-8　恤孤院路 7 号四层图书馆 2

三、专家点评

恤孤院路 7 号楼项目在改造前为一处已空置的民居危房，但其所处之地理位置却极具代表性——文物建筑“逵园”之侧，面向中共三大纪念会址。在如此重要的位置却留一座危楼，是对城市空间的浪费，可能对社区也会造成影响。此项目面临的难题，事实上也是当今城市更新课题中的典型案例。

7 号楼改造项目对于城市更新，对于红色主题的演绎都是一个很好的尝试，也给如何活化这些隐藏在都市中的旧建筑提供了一个新的思路。鉴于楼体已被鉴定为砖混结构的危房，若贸然拆除重建，据现行规定，新建建筑的总高度与面积势必大量减少，可预见的是对原业主会造成较大损失。如通过简单“移植”新功能来改造建筑，建筑现存的内部分隔与结构根本无法适应新时代的功能需求。项目的设计师以最大程度保留现有的建筑体量为前提，在对建筑加固的过程中，同时嵌入新的结构体系，

图 3-3-9　恤孤院路 7 号首层 1

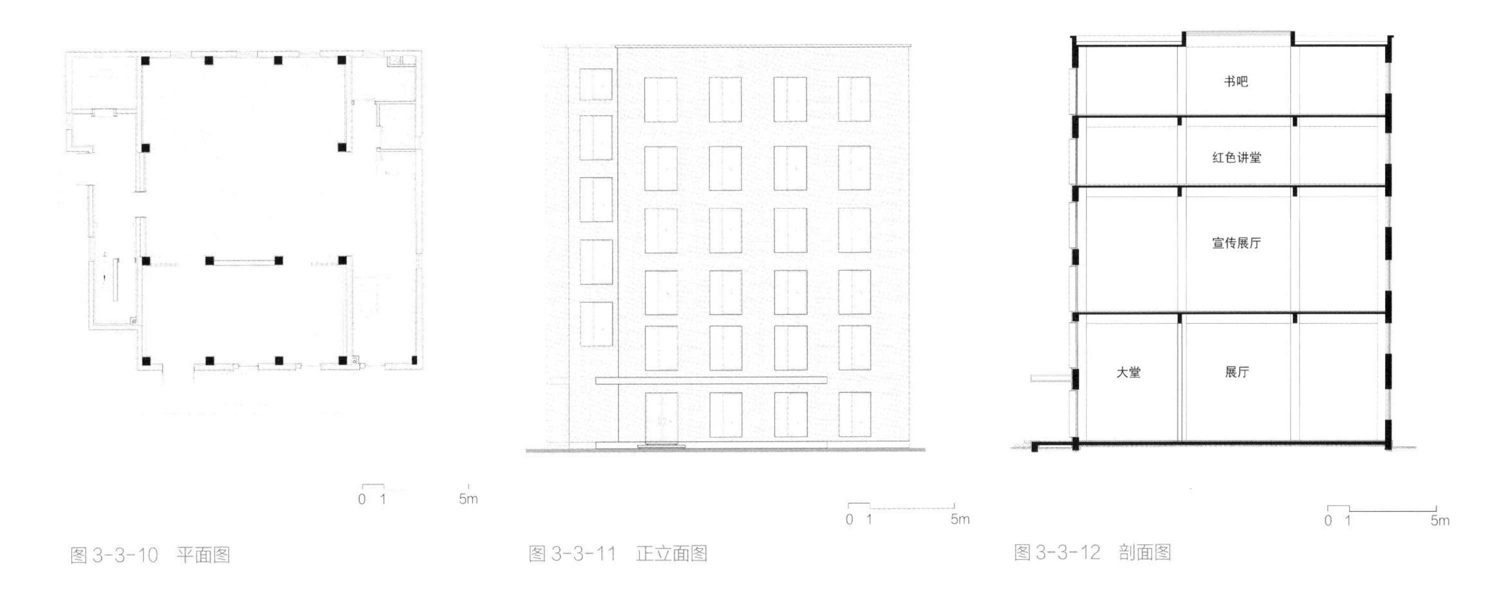

图 3-3-10　平面图

图 3-3-11　正立面图

图 3-3-12　剖面图

以完成内部结构的革新，自内而外地使建筑在“活化”的过程中具更多可能性。借项目临近中共三大会址纪念馆的优势，在功能上自然而然地植入红色主题，与整个街区的文化气质浑然一体。

广州东山口建筑群的红砖建筑特色广为人知，因此，红砖是这个改造项目中无法回避的命题。这种材料在岁月的流逝中能凸显其独特性，若贸然选择新制红砖修缮外立面，整体效果会与相邻的“逵园”等文保建筑相距甚远。设计师最终选用旧红砖切片作为外立面的材质，并在不改变原窗洞宽度的情况下，加入耐候钢窗套，丰富了立面细节。旧红砖的颜色与质感，与耐候钢的材质肌理形成对比与统一，使建筑与文化街区建筑群和谐共生。

广州美术学院原副院长、广州美术学院学术委员会主席　赵健

图 3-3-13　恤孤院路 7 号首层 2

图 3-3-14　恤孤院路 7 号二层沉浸式展厅

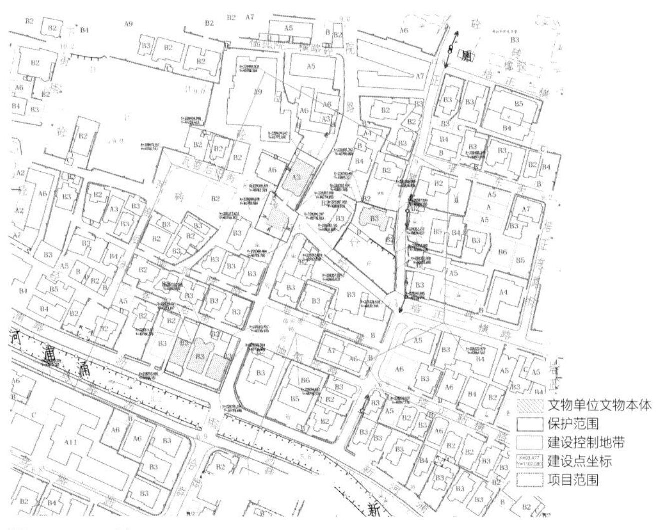

图 3-3-15　总平面图

南京艺术学院砼展厅

一、项目信息

设计单位： 上海中森建筑与工程设计顾问有限公司
设计人员： 张男、张晓远、孙晓、欧仁伟
业主单位： 南京艺术学院
项目时间： 2016~2019 年
项目面积： 565m^2（建筑面积）
项目地点： 江苏省南京市
摄　　影： Aurelien Chen（陈梦津）

二、项目说明

南京艺术学院是中国最早的高等艺术院校之一。进入 21 世纪后，学校规模迅速膨胀，校内拥挤，跟不上发展的步伐。如“螺蛳壳里做道场”一般，在有限的土地之上，南京艺术学院持续着“见缝插针”的内向生长。在新老建筑之间，不断涌出诸如集装箱改造而成的创意小店、当代艺术装置、雕塑作品等空间小品和校园“家具”，可谓处处有设计，令人眼花缭乱、目不暇接。

在热闹拥挤的宿舍楼群之间，难得再次寻到空地一块。学校委托我们对原 46 号宿舍楼北侧闲置的两层裙房进行改扩建设计，建成一个两层的艺术展厅。下层“古瓷片研究展厅”，上层“古油画修复展厅”，两个主题一中一西，要求分别管理，互不干扰。

● 既为建筑，亦为装置

考虑到艺术与传统的平和、素淡的共通气质，我们设计了一个清水混凝土的小房子，名为“砼展厅”，并利用内拱板的反弧拉通了上下两层空间，为两个主题提供了对话的机会。

为避免对广场空间的过度侵占，我们提议将加建用地限制在贴近南侧宿舍楼 10m × 15m 的范围内。扩建部分作为建筑的主要入口及展示空间，其余使用功能通过室内改造给予满足。

图 3-4-1　南京艺术学院砼展厅建成实景

鉴于建筑体量较小，我们也将其定位为校园“家具”，除满足内部功能的校方诉求外，也更看重其建成后作为校内公共活动空间对师生校园生活的贡献。

● 社区营造，校园聚场

学校就是一个小社会。在艺术院校盖房，又盖在热闹的宿舍区，维持并加强这个区域的良好社区感成为设计的初衷。房子共两层，一、二层分别与街面和原有的连桥相接，本就有较好的通达性。我们更进一步，从有限的建筑面积里再挤出一块室外空间，在二层辟出一条穿过式的拱顶外廊，以场所特质吸引学生向内聚性的广场移动，在此形成一个“聚场”空间，满足群聚交往活动的需求。

图 3-4-2　砼展厅半鸟瞰图

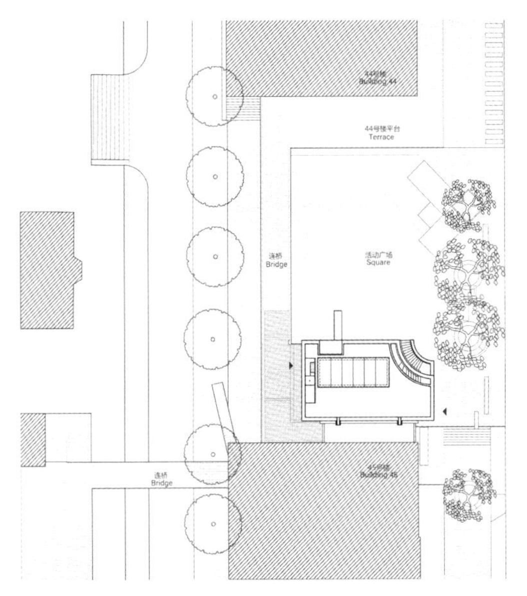

图 3-4-3　总平面图

图 3-4-4　砼展厅改建效果与流线组织分析图

● 融贯中西，沉静、内省

内外双拱的形式给这个有雕塑感的小房子带来一抹西式艺术空间的色彩，但其原型实则源自南京灵谷寺的无梁殿。拱内净宽 4m 多，高约 8m，满足展示需求。两拱之间的缝隙，形成上下贯穿的通高光井，既为两个主题提供了对话的机会，也缓解了内部采光不足的缺陷。拱下空间沉静、内省，兼具西方古典艺术与东方传统文化的共通气质。

外拱拱顶清水混凝土的特殊质感暗喻了油画的笔触和古陶瓷的碎片，但更多的是带给置身其间的人以温和的安全感，这种感觉在夜晚暖色的灯光下会进一步加强。

● 弱化边界，活力渗透

我们利用各种景观元素以及灯光的处理，有意模糊各空间衔接的边界，以强调流畅感，使设计初衷能够一以贯之。为避让院子里的香樟，建筑临街的一角做了退让，这也给下行的楼梯提供了几何化的造型机会。在这面弧墙的背后，一弯自然光铺洒到楼梯踏步上，使庄重的拱廊空间平添了活泼的生气。

为了把人留在广场，在树下、桥下各处设置几组座凳。一条座凳插入展厅室内，意图模糊建筑与广场的清晰边界，使内外活力相互渗透。新加设的锈钢板楼梯斜搭在跨街连桥上，从浓郁的行道树中露出一截，成为藏在背后的展馆一笔“轻巧的提示”。

改造前

改造后

图 3-4-5　砼展厅扩建前后形态对比

图 3-4-6　去往二层的弧形楼梯

图 3-4-7　二层外廊改造后

图 3-4-8　砼展厅改造后人视效果

图3-4-9　二层拱下空间

图 3-4-10　内外双拱的设计带来西式艺术空间的气息

图 3-4-11　拱顶的清水混凝土质感带来沉静体验

三、专家点评

仔细地欣赏过这座建筑的资料，感叹中森建筑师对项目的高度热爱和花费的心思。在一个令人以为会非常局促的地方，做出了非常舒缓的节奏和空间。在南京艺术学院的校园氛围中，在老旧建筑的环抱下，如此的立面设计最大程度缓和了建筑之间狭促空间的冲突和尴尬，用多重场景的视觉和光影增加了建筑的灵动和温暖。不同的几何造型与拼接空间为步入其中的同学们增加了更多有趣的交流和休息场所。如果能在实际运营中，结合具体的古瓷片和古油画内容，局部适当再配置相应的元素和标识设计，相信会更加完美。期待疫情后可以实地欣赏这件作品。

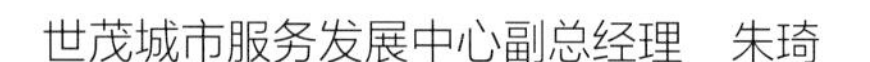

世茂城市服务发展中心副总经理　朱琦

图 3-4-12　加建的锈钢板楼梯贯通上下两层活力空间

图 3-4-13　加建锈钢板楼梯前后对比（组图）

南宁·星光·万科里

一、项目信息

设计单位：（建筑方案、施工图、幕墙设计）AAD 长厦安基工程设计有限公司
设计人员：杨强、杨鸶、李嘉、黎刚、王锐、潘志强、杨仕川、卢昆林、刘阳、高德利、黄爽、李鹏飞、彭志春、周阳明、刘浩、陈伟、马良宇、熊海川、李志新
业主单位：广西万科企业管理有限公司
项目时间：2019～2020 年
项目面积：30000m^2（商业面积）
项目地点：广西壮族自治区南宁市

二、项目说明

● 项目概述

项目位于南宁市江南区星光大道 4 号南宁剧场旁，毗邻地铁 2 号线站口，交通便利，临近邕江及滨江公园，配套丰富。

原建筑体量庞大、造型敦实，场地相较南宁剧场，离街道更近。江南区属于南宁的老工业城区，有着闪耀的工业历史，但在南宁城市更新的脚步中慢了下来。改造的关键并不只是单纯地设计一个为星光大道增辉的崭新地标，而是复苏一片“旧土”的荣光与梦想。

城市更新不是单纯物理空间的改造，更多的是重塑城市、空间与人的关系，当老城日益失去活力，我们如何用设计去定义和引领一种属于未来新城的生活方式？只有介入和了解过去，才能更好地塑造未来。我们希望在设计的同时，保留江南半岛的历史记忆，挖掘场所的个性化符号，通过文化符号来进一步提升项目的知名度与商业价值。

图 3-5-1　改造后实景 1

图 3-5-2　改造后实景 2

图 3-5-3　改造后实景 3

图 3-5-4　改造后夜景

● 主入口更新

更新前

更新后

图 3-5-5　更新前后对比 1

对建筑外立面、整体规划、平面设计、幕墙设计、机电改造等多方面进行系统性设计，以设计激活江南区的“新封面”。在饱含这个区域的文化的建筑面前，我们传承的不仅是工业文化或是剧场文化，更是文化创新及对建筑所处场域的良好结合。用场所的个性化设计符号让建筑延续文脉，唤醒江南半岛的荣光与梦想。

更新前

更新后

图 3-5-6　更新前后对比 2

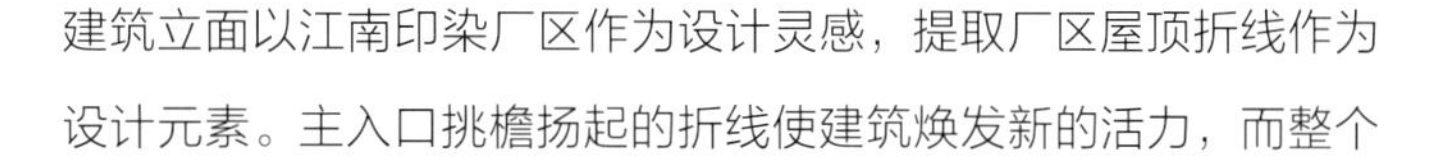

建筑立面以江南印染厂区作为设计灵感，提取厂区屋顶折线作为设计元素。主入口挑檐扬起的折线使建筑焕发新的活力，而整个建筑也保存了江南独特的传统工业印记。折线挑檐的材料使用幻彩金属板，使建筑更具工业气息及文创意味。

● 建筑更新

更新前

更新后

图 3-5-7　更新前后对比 3

原建筑头部的外廊式结构使立面完整性缺失，力量感减弱，也导致设计无连续性、无逻辑性。改造用表皮将原有阳台外包，化繁为简， 建筑也更具标识性。而超白穿孔铝单板的运用，使得整个建筑表皮轻快、活泼，也充分体现建筑的年轻、时尚。为破除体量感， 运用入口处的设计手法——折线元素进行分割，强化了设计语言，使建筑立面分割干净、利落、完整、连续。

● 次入口更新

更新前

更新后

图 3-5-8　更新前后对比 4

原有方案次入口阳台设计得过低，显得十分压抑，且次入口上方的错动阳台显得十分繁琐。本次改造将原有琐碎的立面打破，利用金属穿孔板将阳台外包，使得建筑更为简洁、利落、时尚、大方。用折线金属雨棚将二层阳台遮挡，并与其融为一体。 雨棚前半部上翻的巧妙设计既减轻了入口的压抑感，使整体造型更为大气，也规避了繁琐的阳台造型。整体设计使得次入口更有标识性和装饰性，也更显朝气蓬勃。

● 超市入口设计

更新前

更新后

图 3-5-9 更新前后对比 5

幻彩金属雨棚环绕建筑，延伸至地下超市入口，雨棚既体现了实用性，也兼顾了建筑的完整性和美观性，而超市入口方向也得以改变，使得广场更为完整。玻璃幕墙的设计将超市入口空间与商业系统连成一体。

● 幕墙灯光的设计

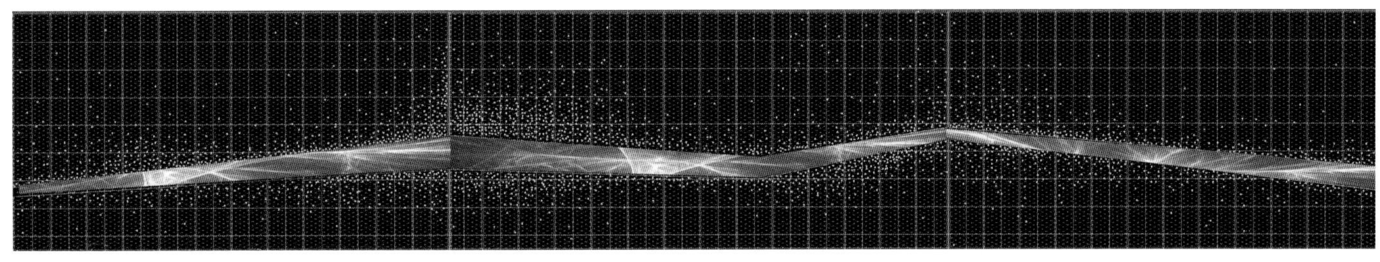

图 3-5-10 幕墙灯光设计图

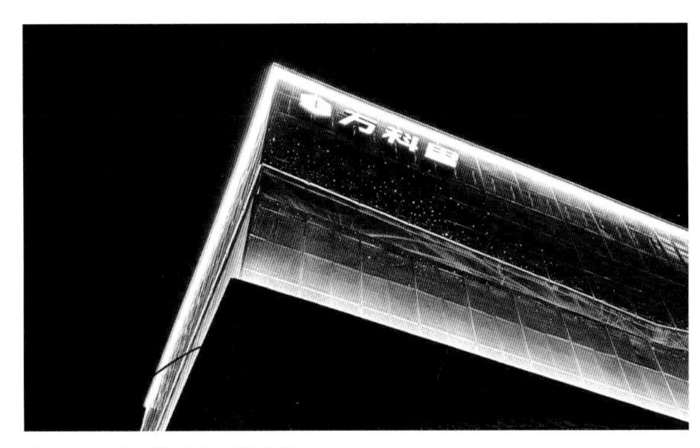

图 3-5-11 幕墙灯光效果图

图 3-5-12 更新后实景

幕墙灯光设计主题为“星河灿烂”，点点星光在彩釉玻璃两侧渐变散开，犹如一条星河在建筑上流淌，也呼应了“星河灿烂”这一主题。

● 平面优化

原方案北侧入口未与主要商业人流连通，被观光电梯遮挡。平面优化建议将东北侧的观光电梯移到建筑内部，使北侧入口与主商业流线连通，同时解决原电梯位置所带来的构造复杂、施工难度大、雨棚排水难等难以解决的问题。

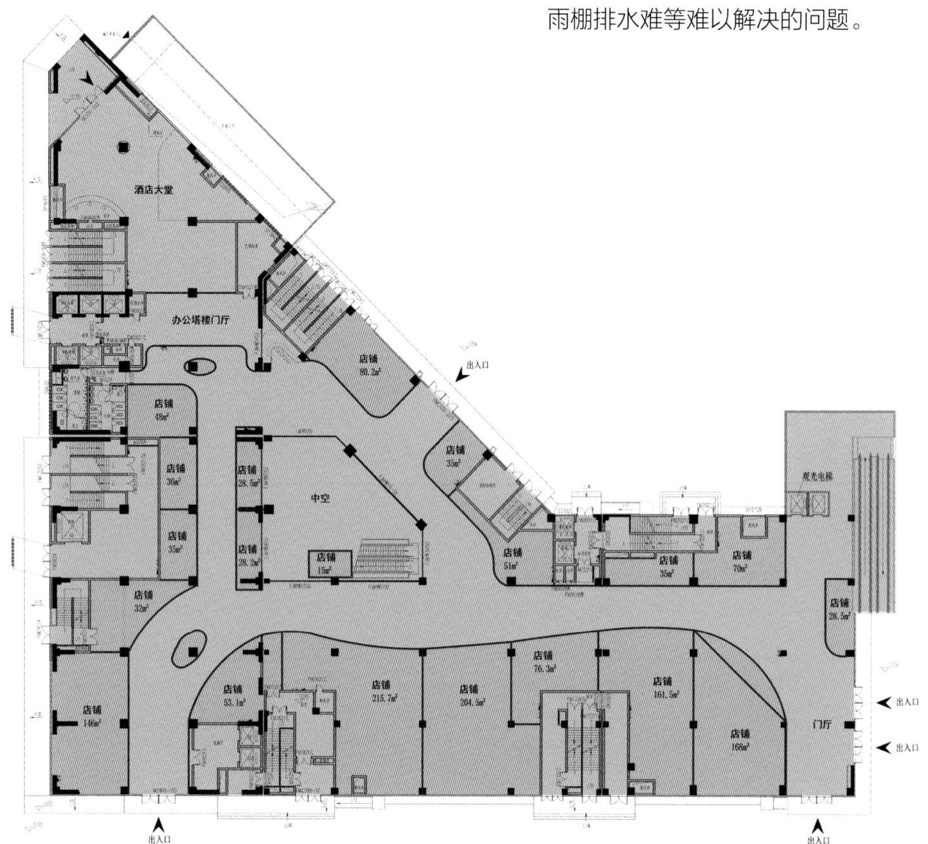

图 3-5-13　一层平面更新前

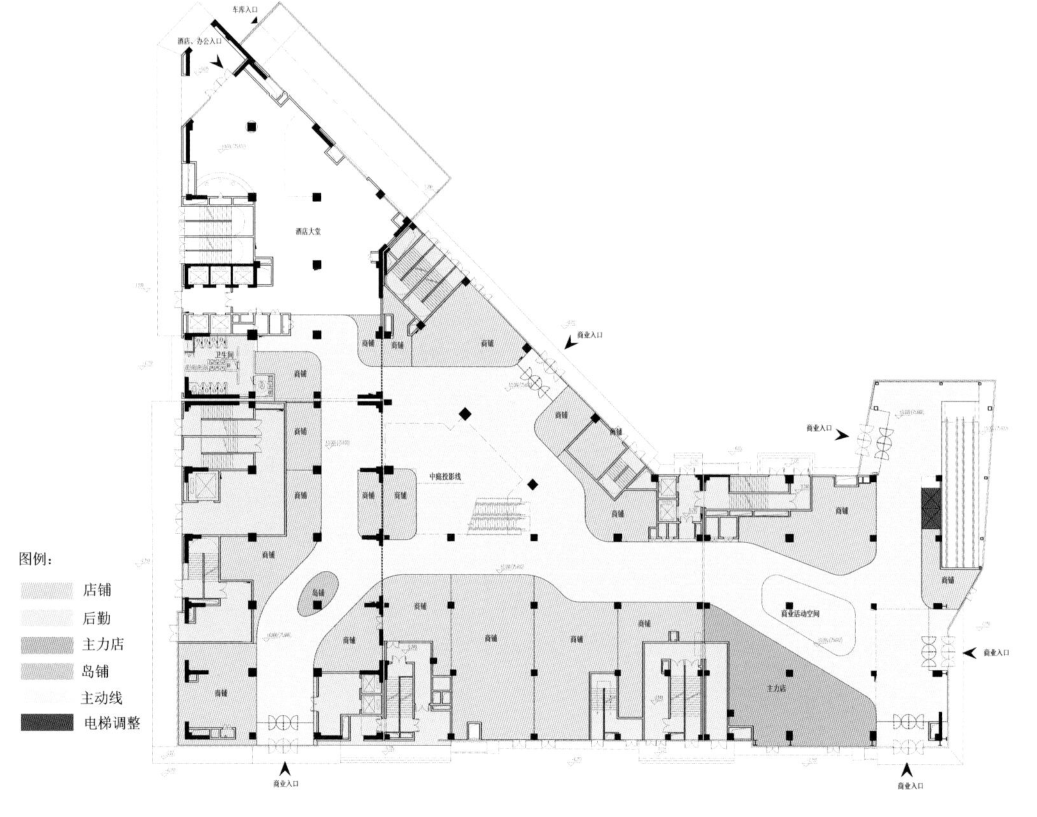

图 3-5-14　一层平面更新后

● 机电改造

原设计地上商业部分（不含影院）共 9 个空调机房，设计对空调末端系统进行了优化，商铺新风机组利用车库无效空间、风机房做了新风机房，公共区域空调机组集中到二、四、五、六这 4 层，取消了原 一、三层的 4 个空调机房（约 160m^3），从而增加了商铺的经营面积。

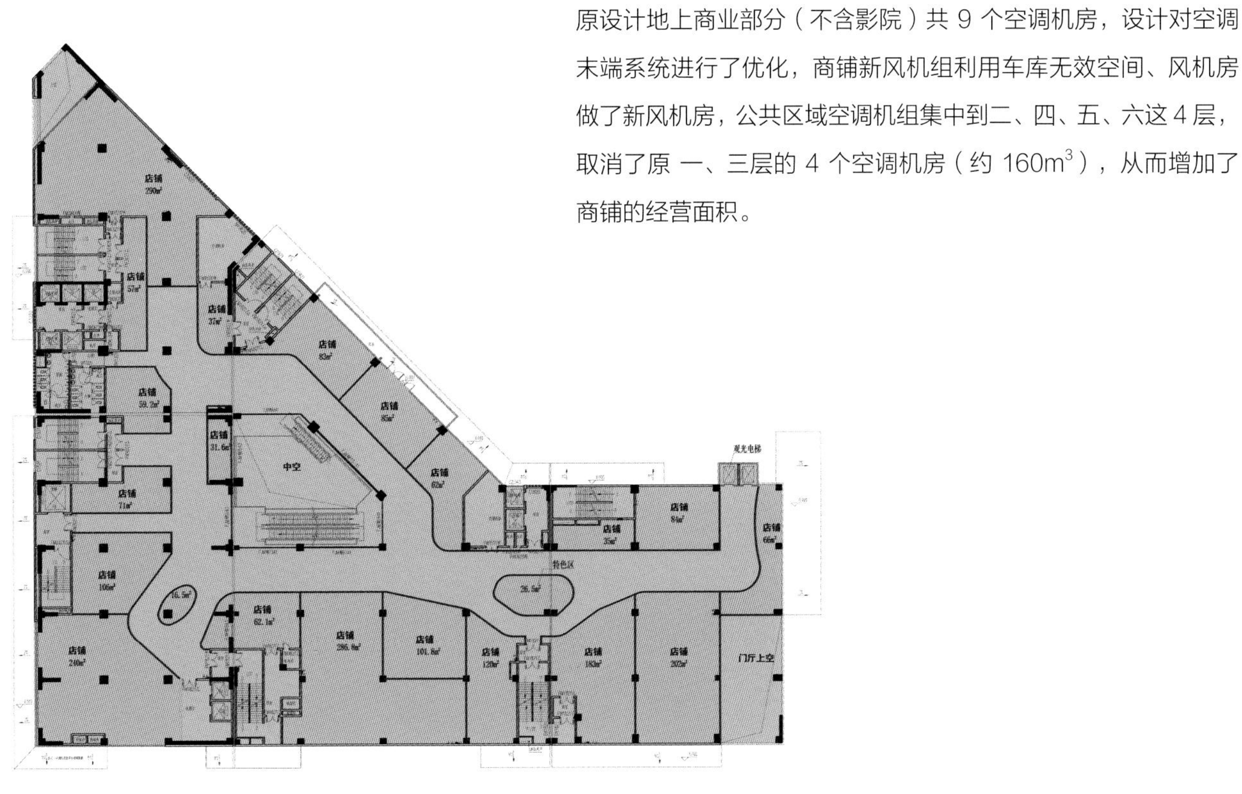

图 3-5-15　二层平面更新前

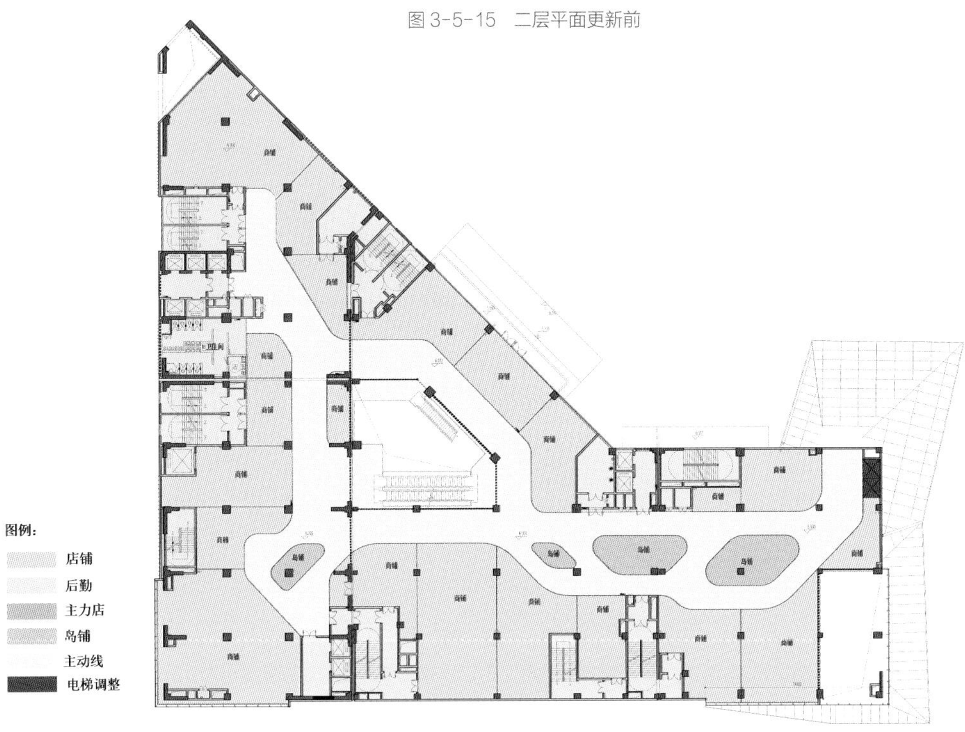

图 3-5-16　二层平面更新后

三、专家点评

南宁星光万科里项目，作为南宁多年来原有的文化地标，有着重要的精神价值和社会意义。使城市的文化坐标焕然一新，成为旧改项目的重要课题。在设计过程中，保留文化属性、地域属性，增强项目的现代感、时尚感，不仅是对项目的重新定位，立面更新，还有更多的人文思考和精神追寻。

建筑立面设计以江南印染厂区作为切入点，提取厂区屋顶折线作为亮点。主入口挑檐扬起的折线使建筑焕发出新的活力，而整个建筑也保存了江南独特的传统工业印记。

广西万科企业管理有限公司　周阁

第四章

工业遗产

E 园 EPARK（花园路社区）

包裹与透明——成都 · 万科 · 城市生长馆

贵阳美的 · 璟悦风华——绿色共生

华为杭州国际培训中心

嘉兴南湖天地

上海力波啤酒厂更新

张江国创中心（原剑腾二期厂房）改建

E 园 EPARK（花园路社区）

一、项目信息

设计单位：北京优思九廷建筑设计事务所有限公司（简称“UCA 优思建筑”）
设计人员：（UCA 优思建筑）陈柏旭、金鑫、李明超
（Kinh Manh Studio）Tran Kinh Manh
（室内 / 独立设计师）林锦熙
业主单位：北京办友科技有限公司
项目时间：2019~2020 年
项目面积：9600m²（用地面积），8000m²（建筑面积）
项目地点：北京市海淀区

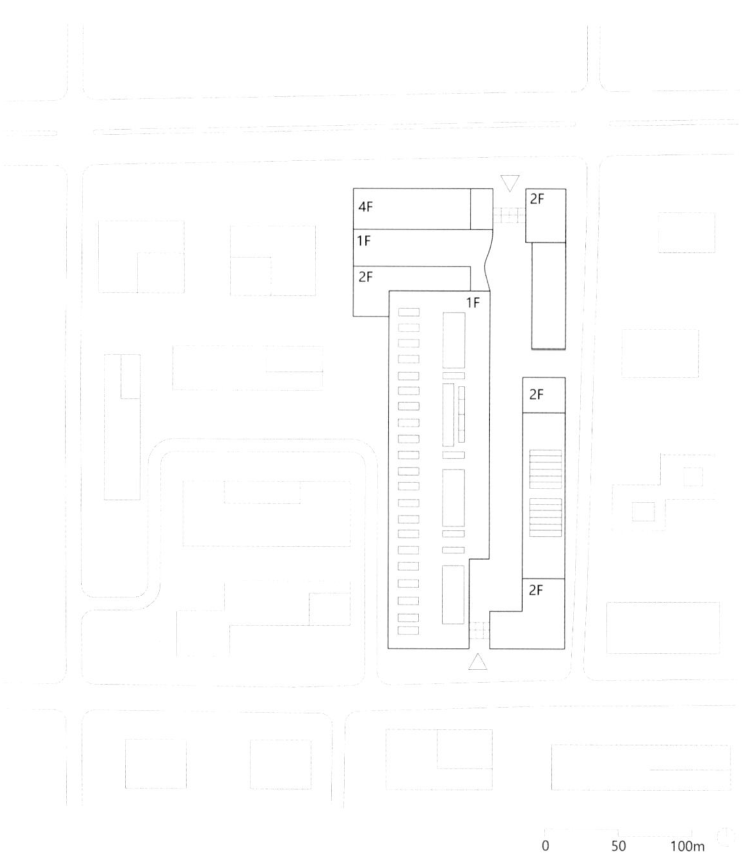

图 4-1-1　总平面图

二、项目说明

● 设计亮点：设计团队在对空间现状与社会需求充分调研、分析的基础上，制定了城市更新的基本原则与目标，即通过空间活化让社区更美好，打造与城市无缝衔接的便利、创新街区。团队将建筑空间更新与未来城市街区生活相融合，从面向未来的多元办公生活新场景出发，进行设计改造，探索城市中心区空间更新的新模式。

（1）以人为本“共享 +”：城市共享社区创新

设计团队以人为本，从创新城市社区生活场景出发，将工作、休闲、商业、展示等多种功能加以整合，围绕“共享 +”的理念进行城市社区更新设计。方案将新型的办公生活模式与城市街区相连，并结合人们的多种主观体验，在空间层面项目打造了立体化的街景（街巷）、院景（院落）、天景（屋顶）体系，营造出工作、生活一体化的全新城市共享社区。

项目包含两栋联合办公楼与近 2500m² 的共享大厅，其中不仅标配了会议室、多功能厅等基础配套空间，同时设有综合共享大厅、水吧台、休憩仓等休闲配套空间，还增加了阳光书房、健身房、共享直播间、智能停车楼等配套空间，形成了办公、商业、休闲的 24 小时生态闭环空间。

（2）“新老对应”：城市更新模式创新

项目针对北京特定的文化品牌北冰洋的旧厂址展开设计，面向大城市中心区老旧建筑群强调新与旧的“对话”以及多要素共生，实现传统、现代各时间段的时空展示，构建新与旧、人工与自然等要素的对比统一，形成重塑老品牌的艺术化生活新阵地。

另外，设计团队从整体着眼，探索了城市空间更新的全新过程与方法，形成了资源梳理、业态策划、场景创新、空间设计、室内设计、细部建造控制的设计方法，以此建构针对特定城市片区的空间改造更新模式。

（3）工业风生态庭院：多元体验与改造技术创新

项目通过种种细节，打造工业风格的生态庭院，在为人们创造多元体验的同时，为城市既有建筑改造、更新技术提供了参考。方案将北冰洋旧车间打通，并将部分老厂房的装置进行保护、再利用，既实现了老旧建筑有机利用，又为人们的工作、生活的多维度体验提供了可能。

如何与原厂区空间结构相匹配是项目内部改造的难点。设计充分尊重原厂区空间结构，内部功能组织完全依托于旧厂房原有的空间，在引入新建造方式的基础上，实现了全新的内部功能组织，同时保留了旧厂区的空间氛围与记忆，充分展现了有机更新的思想。设计考虑场地古树等要素并妥善加以保留，专门设置了玻璃天井绿化景观节点，同时还对原有场地中的墙面、屋顶等进行了适度改造与适应性再利用，保留既有要素的同时进行设计创新，形成多元化的生动空间体验。

图 4-1-2　立面图

图 4-1-3　改造前建筑形象 1

图 4-1-4　改造后建筑形象 1

项目说明：以文化创新与品牌塑造为核心，通过建筑与城市环境以及艺术与生活场景的联系，将城市空间与艺术、生活、科技等内容进行整合。

图 4-1-5　改造前建筑形象 2

图 4-1-6　改造后建筑形象 2

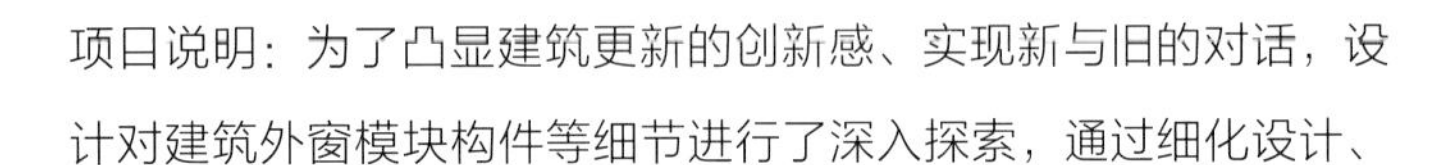

项日说明：为了凸显建筑更新的创新感、实现新与旧的对话，设计对建筑外窗模块构件等细节进行了深入探索，通过细化设计、材料比选、现场打样、推敲等步骤，使用了现代化的薄边金属窗套建造工艺，实现了新的建筑更新可能。

图 4-1-7　改造前社区生活空间

图 4-1-8　改造后社区生活空间

项目说明：立足于场地本身，尽可能地保留住场地基地，用于为本地市民生活、活动提供空间。在空间层面，项目打造了立体化的街景（街巷）、院景（院落）、天景（屋顶）体系，在与城市公共空间衔接的基础上，创造出了多元化的空间体验，使得原本老旧、荒废的工业厂房被赋予全新的城市氛围和生机，也为周边居民提供了便利、优质的商业配套空间。

图 4-1-9　原厂房结构

项目说明：充分尊重原厂区空间结构，内部功能组织完全依托于旧厂房原有空间，在引入新建造方式基础上实现了全新的内部功能组织，同时又保留了原有旧厂区空间氛围与记忆，充分展现了城市建筑改造有机更新的思想。

图 4-1-10　室内综合共享大厅

三、专家点评

方案针对特定城市片区的空间改造探索了城市更新的新模式，有效整合文化、社会、自然、技术、空间等多要素。方案设计不止于专注空间本身，而是注重多元要素的平衡和综合，将文化重塑、老旧要素保留、新功能业态策划等多种内容加以整合，实现全新的、具有丰富城市街区气质的建筑改造更新，整体化构建了具有共享气质的新城市社区。

建筑改造设计中将新与旧有机结合，保存和延伸了老厂房的历史文化，同时使用内庭院露台、屋顶花园、阳光天窗、自然绿植等构筑立体的空间体系。为了凸显建筑更新的创新感、实现新与旧的对话，设计对建筑外窗模块构件等细节进行了深入探索。设计充分尊重原厂区空间结构、古树等要素并进行协调组织，在保留原有旧厂区空间记忆的基础上实现了全新的空间体验。

同时方案以建筑改造中的技术问题为导向，以创新材料建造技术实现了新与旧的并置，同时也为了与城市的大规模更新相协调，方案选取了相对适用的技术，在实用与创新间实现平衡。一方面，项目为了营造全新的空间氛围，在建筑的外窗构件、内部玻璃界面分割等细节部位尝试了全新的材料与建造技术，实现了全新的建造工艺；另一方面，项目也挖掘了传统工艺、材料与技术的可能性，在有限的空间范围与适宜的造价内，凸显了空间的基本品质。

清华大学建筑设计研究院有限公司副院长　刘玉龙

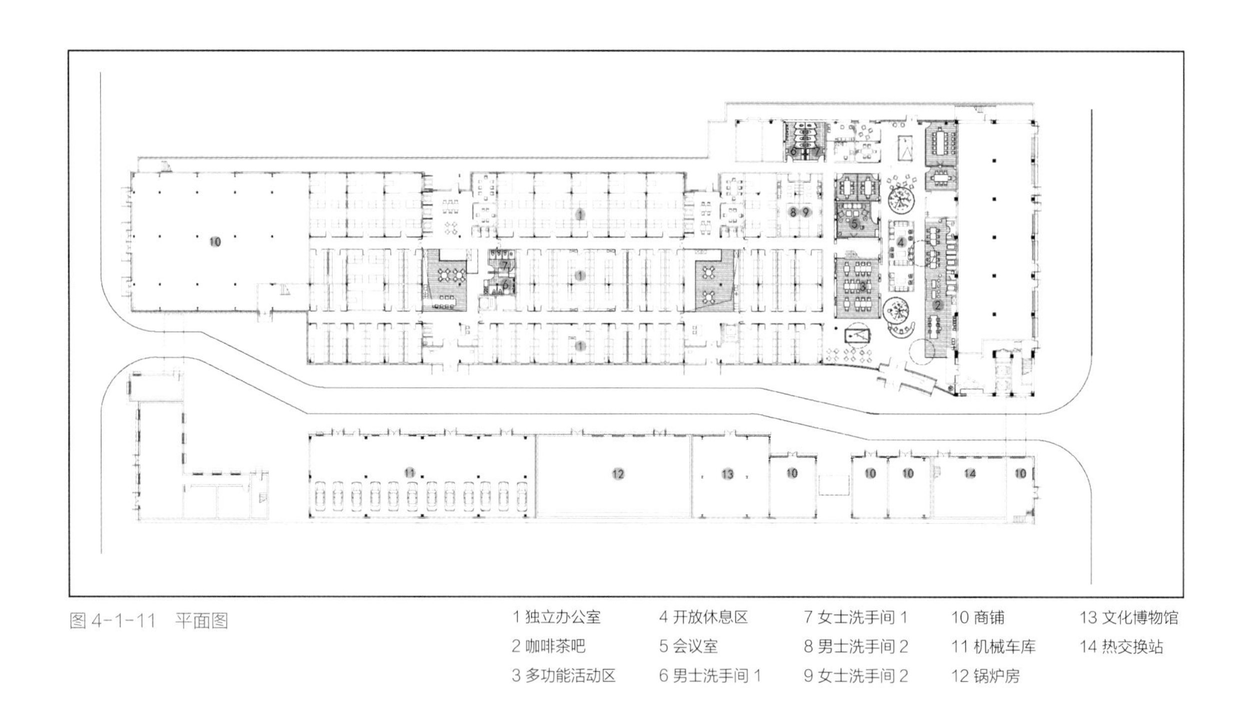

图 4-1-11　平面图

1 独立办公室　2 咖啡茶吧　3 多功能活动区　4 开放休息区　5 会议室　6 男士洗手间 1　7 女士洗手间 1　8 男士洗手间 2　9 女士洗手间 2　10 商铺　11 机械车库　12 锅炉房　13 文化博物馆　14 热交换站

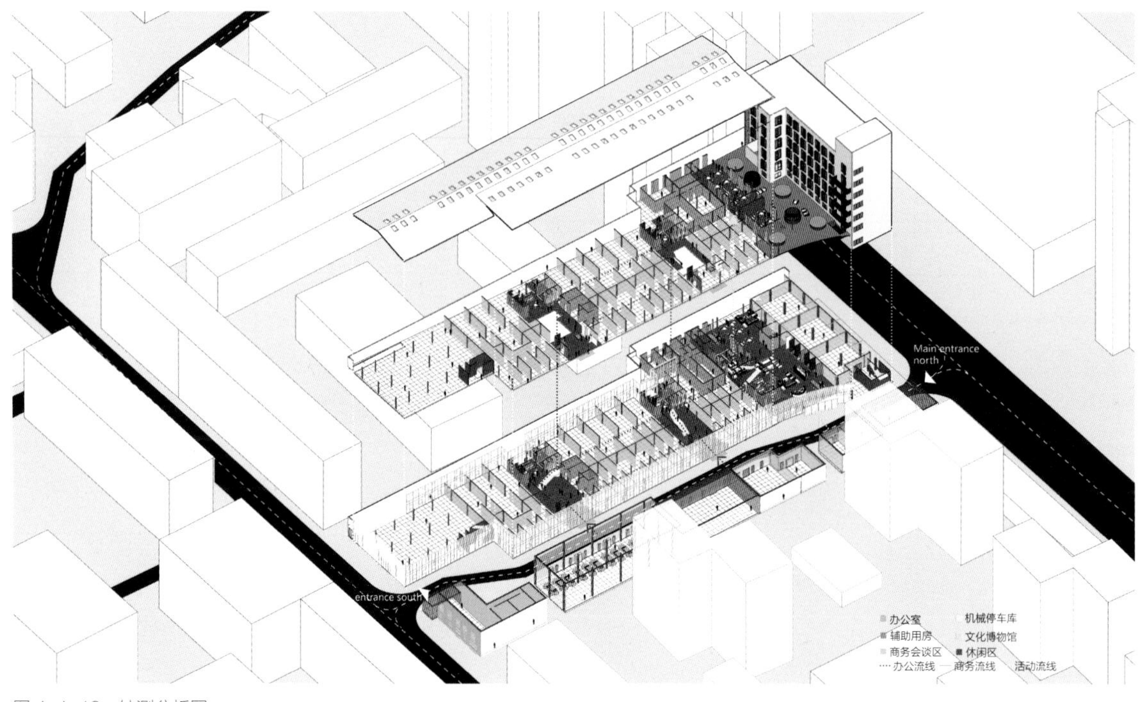

图 4-1-12　轴测分析图

包裹与透明
——成都·万科·城市生长馆

一、项目信息

设计单位：（建筑方案）上海和睿规划建筑设计有限公司
设计人员：（上海和睿）吴文博、陈涵非、郭冬晴、周楚
业主单位：万科（成都）企业有限公司
项目时间：2021 年 4 月~7 月
项目面积：2372m²
项目地点：四川省成都市

二、项目说明

● 写在前面的话

代谢与层层迭代，这两个词大概是对城市如何生长的最佳注解。一个城市有机体的不断“进化”，是建立在人们的日常生活需求不断改变的基础上的，这是空间与生活之间的正向反馈，是过去和未来在当下的结合。作为建筑师，我们希望每个城市的更新项目都能展现出这样的画面。

万科·城市生长馆就是这样一个项目，前身为国营红光电子管厂的成都东郊记忆园区，是集合音乐、美术、戏剧、摄影等文化形态的多元文化园区及工业遗址主题旅游地。而城市生长馆的载体，则是一栋位于东郊记忆园区西南角、始建于 20 世纪 50 年代不起眼的老旧工业建筑，其面目陈旧，缺少美感，且由不同层高的两个部分组成，立面难以统一。而整个建筑深灰色的色调与东郊记忆园区的统一红砖风格也有较大差异。作为市级文物保护单位，在 2014 年以后，东郊记忆园区建筑群的修缮与改造受到了严格的限制，如若进行风貌改动，必须保证原建筑外立面工程的可逆性。如何在这样的条件下实现新的功能植入、承载新的城市生活方式，创造一个既有旧时印记又有新意的城市多元复合空间、一个开放而有生命力的场景，是我们所面临的重要课题。

图 4-2-1 改造后实景 1

图 4-2-2 改造后实景 2

图4-2-3　改造后实景3

图4-2-4　改造后实景4

可能从美学角度来看，建筑原表面斑驳，质感过于陈旧，但是基于它的文物保护建筑性质和东郊深厚的在地文化，经过综合评判，我们认为最好的处理方法可能就是对其原表皮进行清洗加以维护，然后用一种“玻璃橱窗”的方式去保护和展示它。

共存，最重要的一点在于对建筑本体的留存保护，为此，在现存建筑表面之外我们新建了一个镂空金属幕墙，赋予它新的建筑形象。这个幕墙实际上拥有独立的结构体系，并不和原有建筑结构发生强联系，只有局部点对点的搭接关系。也就是说，通过这个外载幕墙结构的处理，我们实现了对建筑本体的有效保护 —— 保证了原建筑修缮工程的可逆性。同时，对于建筑原风貌的展示，透过这个玻璃和镂空金属格栅组成的幕墙，我们可以很清晰地看到建筑的原表面，继而生发，历史建筑以一种新的姿态在此地继续生长的感受。

图 4-2-7　建筑细部 1

图 4-2-5　更新前 1

图 4-2-6　更新后 1

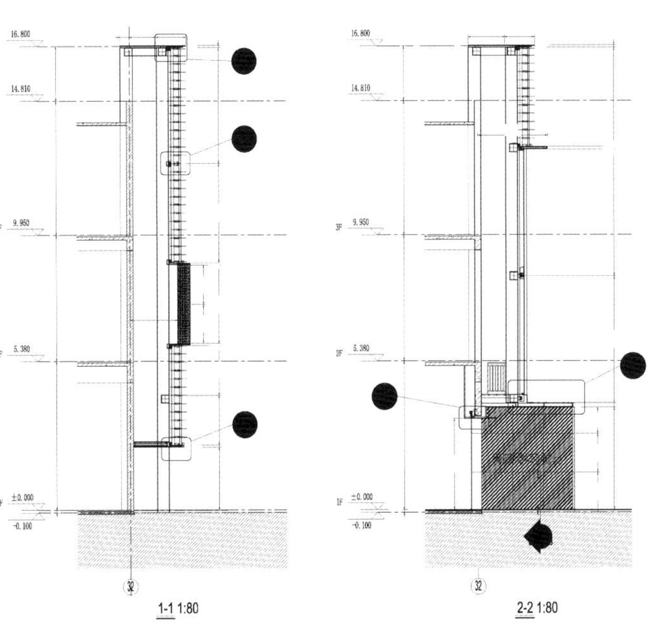

图 4-2-8　立面图 1

图 4-2-9　改造后实景 5

图 4-2-10　立面图 2（组图）

● 材质选择和模块幕墙

幕墙外表面的基本单元是一个 20mm × 60mm 的铝格栅，形式如砖，而红砖又是东郊记忆园区的一个很深厚的文化元素，我们用此表达文化的在地性。如果从正面观察格栅与格栅之间类似砖形态的空隙，就可以看见原建筑的斑驳立面。两种不同材质的对比，体现了时间在这座建筑上的流淌。格栅的本体色彩也仿照因年久而微暗的砖色，体现出时间的沉淀感。因为和建筑主体结构脱开的原因，考虑到各种受力情况，幕墙背后的钢框架不得不做得非常原始、粗犷而厚重，设计干脆暴露了它的一部分，使这个代表历史厚重的支撑结构与代表现代工艺的精致格栅产生对比，把一个历史、时代的进程，以建筑语言的形式展现出来。

图 4-2-11　更新前 2

图 4-2-12　更新后 2

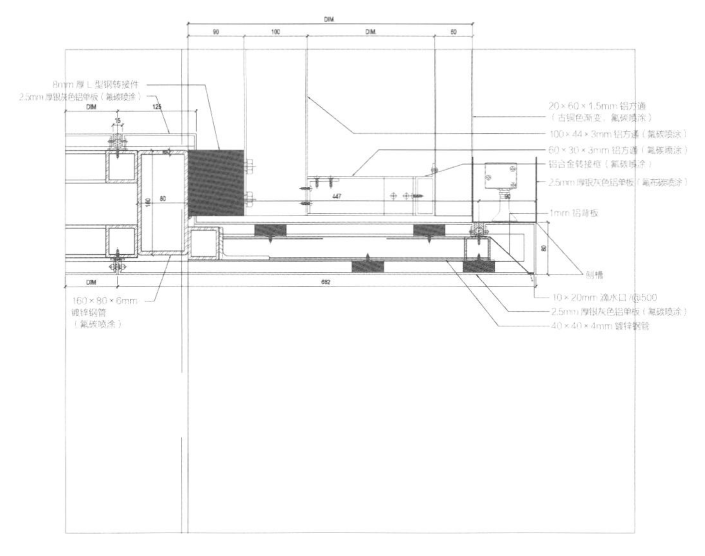

图 4-2-13　节点图 1

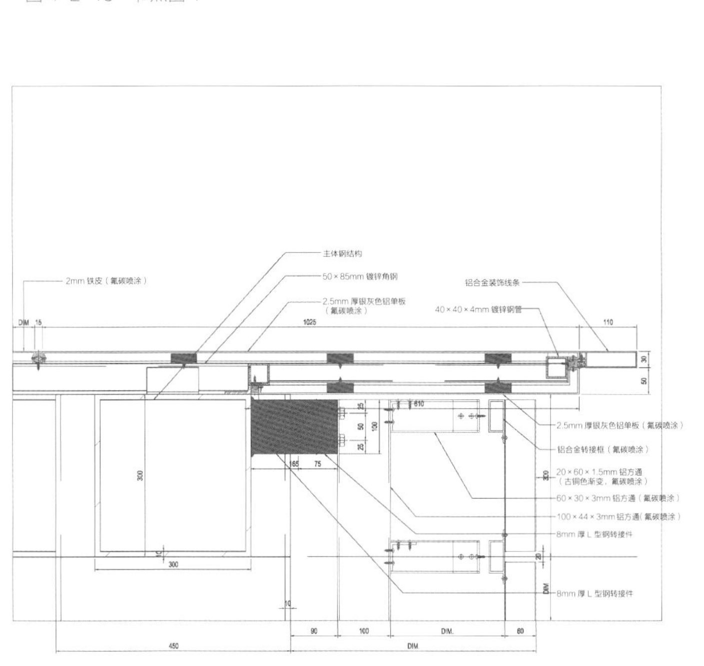

图 4-2-14　节点图 2

考虑到工期和安装的精度问题，所有的格栅都以 1.5m×4.2m 的大块单元形式在工厂里模块化预制完成，现场只需要拼接即可，有效降低了施工难度，提升了建设速度。

图 4-2-15　建筑细部 2

如果要让空间具有鲜活的生命力，首要任务就是进行近人尺度的设计。在面对道路开放的建筑的角部，设计尽可能地打开建筑立面，让外部空间渗透进建筑内部，因为和人的近距离接触，幕墙的细节精度得到了进一步的重视。在入口框架部分，为了达到最好的效果，凡是人可以触及的内侧部位都采用了密拼开缝的做法，而为满足防水等基本需求，又需要幕墙是密封状态，因此出现了一块幕墙上打胶（顶部和外侧）和密拼（内侧）共同出现的情况。而在顶部，则加上了内部披水板和边缘滴缝的做法保证效果。

幕墙系统包裹了建筑本体，而景观则对整个场所进行了另一层次的“包裹”。景观设计利用白色框架重新界定和围合空间，有效结合了建筑底层的开放空间，形成内外统一的活动场所。同时，将各类球形植物组合成高度统一的软性界面，以此对市政道路形成有效屏蔽，结合建筑半开放的灰空间，加上简洁的城市家具，营造了平和、轻松的氛围，从而使整个场地能够很自然地留住过往的人。入夜，灯光的加入，为建筑和景观营造出更加温和的感觉，让街道回归，还给它本应承载的停留、栖坐与交谈活动，延续一种从前至今仍存在的成都“巴适”。

图 4-2-17　更新前 3

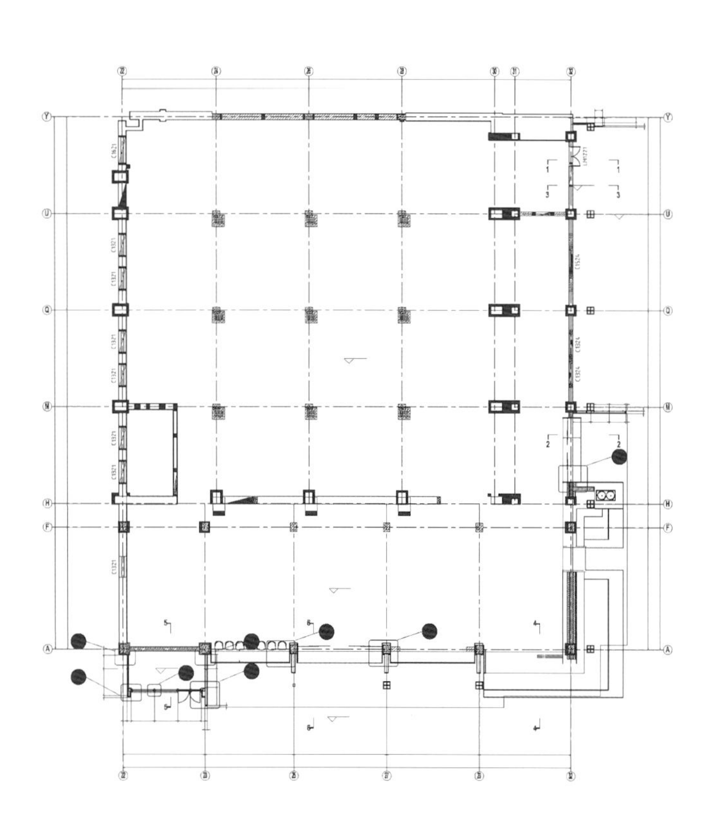
图 4-2-16　一层平面图

图 4-2-18　更新后 3

● 展示：生长的内容和面对未来的故事

我们在一个重要的历史街区做一个场馆，并不是要以一个孤立于他者的姿态去做一个特别耀眼的建筑。相反，我们更希望它的设计和建设，能与“生长”这样一种理念和精神契合，这不单单应是建筑的体现，也是内容运营的目标。正如前文所述，要创造一个旧印与新意相融合的城市多元复合空间。“生长的街角”，这是我们对于项目的定义之一，既满足了物质生活的需要，也满足了对艺术和自我提高的追求，使项目成为一个在文化基底上诞生的新场所。

另外一个和建筑有关的内容展示方式，是在立面上以通透率超过80% 的透明格栅屏为载体来传递价值内容，这个选择依然出于对原建筑本体的尊重，特别是这部分正好位于建筑的转角位置。

图 4-2-19　更新前 4

图 4-2-20　更新后 4

图 4-2-21　更新前 5

图 4-2-22　更新后 5

三、专家点评

更新不能只考虑功能重置而不做空间“缝合”。更新的终极目标是创造新的使用空间，这意味着要把一个已然脱离城市现状生活的异类场所重新纳入现实当中，意味着融入，而不是建造起新的隔离。金属表皮包裹的文物保护建筑以一种开放的姿态重新进入街道，底层空间和景观的相互渗透以及简洁的城市家具一起，提供了平和、轻松的氛围，让整个场地能够很自然地留住过往的人，也自然让建筑内部功能成为日常城市生活的一部分——在一个重要的历史街区做一个场馆，并不是要以一个孤立于他者的姿态去做一个特别耀眼的建筑，而是一个在地可生长的场所。

万科（成都）企业有限公司　贺英彪

贵阳美的 · 璟悦风华——绿色共生

一、项目信息

设计单位：（方案设计 / 施工图设计）广州域道园林景观设计有限公司
设计人员：欧阳雪冰、刘昌福、赵华勇、全文东、曾祖正、刘敏杞、梁健、肖天文、吴裕华
业主单位：美的置业西南区域公司
项目时间：2020 年
项目面积：27696m^2（总面积）、18000m^2（设计面积）
项目地点：贵州省贵阳市

二、项目说明

● 项目概述 / 设计亮点

项目位置、范围和尺寸：项目位于贵州省贵阳市经开区，设计面积为 18000m^2。

地点和环境调查：贵阳小河区的“三线”工业遗产，具有位于城市中心、周边人口密度高、是城市未来发展重点的特点，这些厂区有一定的整体保留价值。1）整体环境工业氛围浓厚，是典型的工厂辐射社区。自然环境保护良好；2）工业遗址与体验景观方面的挑战是如何结合体验景观更新遗址；3）城市文化和经济传承缺失严重，需要打造适应新的经济时代与消费特点的景观形式。

设计意图：基于项目场地面积的局限，我们利用“灰空间”的设计手法，力图打造多维沉浸式体验，创造更多、更宽广的空间的可能性。在从“绝对空间”进入到“灰空间”时可感受时空转换的惊喜感，身在其中，享受心灵与空间的对话，将艺术感受贯穿始终。

设计计划：致敬土地：轴承厂作为贵阳历史记忆的城市片段，被赋予感情记忆和历史价值，当曾经的辉煌即将褪色为渐远的记忆，我们该如何挽留，如何使空间重塑、功能再现，如何赋予它作为城市空间展厅的新角色？

最初的设想：使用干净、简练的建筑线条，入口景观空间利用宽敞的白色环绕长廊呈现出大气、敞亮的空间界面，干净却有分量。

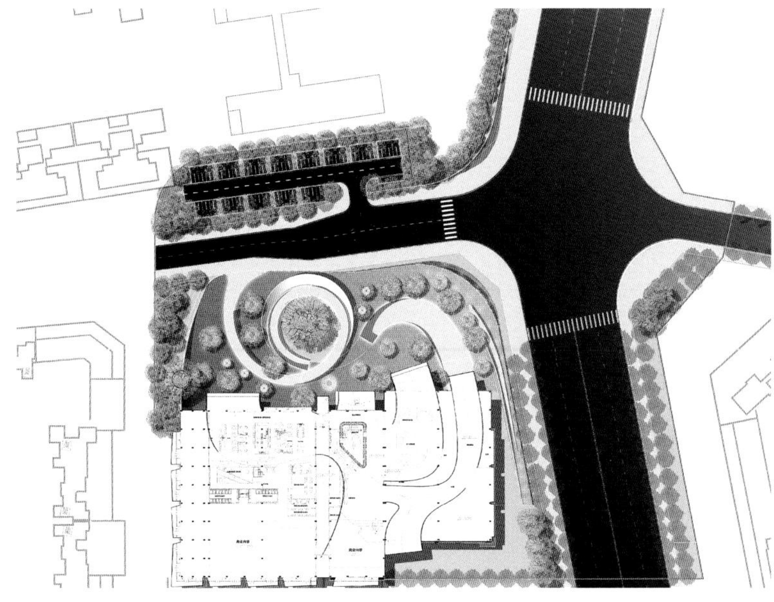

图 4-3-1　总平面图

设计保留原有建筑工业特色，以时间流过的痕迹，让城市工业文脉在空间里延续。为保留场地记忆，连接旧日时光，设计师保留了靠近建筑的大雪松，通过大树建立空间与场地文化特性的关联。让周边居民以自然的形式，连接过去与未来的轴承厂。过去的轴承厂不曾消失，未来的轴承厂以与自然共生的城市空间展厅的形式，焕发出新的生机。

面对城市更新的话题，我们期望用更前沿的设计思路来打造动人空间。

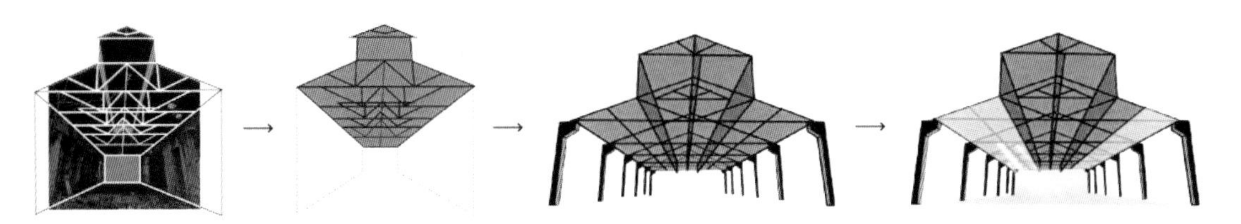

图 4-3-2　老工业产房—保留屋顶—加固架构—立面更新，巧用光影

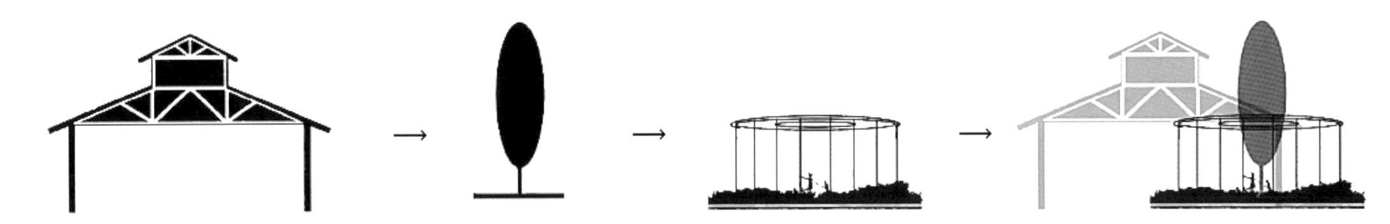

图 4-3-3　厂房建筑—保留大树—活动功能—景观化记忆场景

图 4-3-4　改造前的旧厂房

图 4-3-5　改造后成为深受市民喜爱的公园

在当下，国内经过改革开放几十年的高速建设与发展，固然取得了长足的进步，但同时也面临了诸多的现实问题。千城一面的城市拔地而起，人与自然之间的关系也渐行渐远，物质化的城市空间将人包围，生命的交互空间被不断压缩，人的属性在简易的三维空间里被慢慢弱化。从来不是自然需要人类，而是人类需要自然。当人与自然的关系被剥离开后，作为需要者，会被迫逐渐失去创造力和对生活的热情。

为了达到重塑场地精神、激活空间生命力的目的，设计保留了场地原有的树木，利用建筑与自然在尺度上的相互协调来营造景观，传递给人不同的情感，让人在空间里可以体悟、停留和享受。总的来说：观于形、感于象、会于意，将精神世界的心灵体验和人生感悟密切关联，搭建诗意的动人世界。

将空间进行重构以后，设计利用自然的媒介将空间的感性丰富起来，在光、水、风、树、石之间感知时间的概念和自然的生命力，以达到心灵上的触动和情感上的共鸣。

图 4-3-6 构筑与自然的协调统一

图 4-3-7 更纯粹的线条与材质给自然更多的表达空间

图 4-3-8　将光与水的结合融入空间的层次里

图 4-3-9　环绕大树的空间结构

图 4-3-10　旧厂房与自然之间的关系表达

图 4-3-11　穿越"森林"、追寻时光 1

图 4-3-12　穿越"森林"、追寻时光 2

图 4-3-13 探水、上山、入林的游园体验 1

三、专家点评

在城市发展历史上，城市更新是一个永恒的课题。在更新的手法上，体现了我们对历史的态度，对人文的态度，对生活的态度。在大拆大建的尘埃落定之后，我们的目光回到了对文脉的尊重、对场地的尊重、对记忆的尊重上。

贵阳轴承厂是中华人民共和国成立初期国家战略布局的产物，是我国迈向工业文明的脚印，它承载了贵阳工业发展的往事，承载了贵阳人民的记忆。在我国全面走向新时代的背景下，这片土地开始焕发新的生命。

作为美的集团的一个住宅项目示范区，如何在新旧对比中传承场地的文脉，将工业文明与现代生活相结合，将示范区的功能植入工业建筑的语境，是摆在设计师面前的难点。

该方案梳理了场地要素，根据建筑质量和功能需求，对厂房采取了保留、拆除、增建和重建的方法，使得场地更加舒朗的同时留下了元素的精华。经典的厂房建筑立面经梳理后更为丰富、生动，形成了完整的界面，把冰冷的空间化为温情。对标志性的树木原址保留，这棵大树伴随着厂区的成长和演变，见证了奋斗者的身影，其象征意义远大于树木本身。

方案最引人注目之处在于构建了立体环形长廊。从功能上，它呈现了示范区别出心裁的体验动线，别具一格又趣味横生，长廊环绕着保留的大树体现出对历史的敬意。以舒展的环形造型语言诠释了轴承的舞姿。随着坡度的升与降，在漫步中体验着粼粼波光、婆娑的树影和往事的烟云。

结合现代的景观造型语言，设计将场地融入了城市空间，赋予了轴承厂新的意义，使得人们在陌生中找到了熟悉，在灵动中体验到了宁静，在时尚的潮流中感受到了文脉的传承。空间简洁而不单调，造型对比而不冲突，场地有限而不局促。历史的记忆令人回味无穷，强烈的对比使人耳目一新，时尚的造型让人流连忘返。设计使得该项目成为贵阳市一个新的热点，为城市更新提供了新的思路。

广州大学建筑与城市规划学院副教授　漆平

图 4-3-14　探水、上山、入林的游园体验 2

华为杭州国际培训中心

一、项目信息

设计单位：（概念方案、建筑方案及扩初设计咨询）百殿建筑设计咨询（上海）有限公司（简称“英国 BDP”）
（结构方案设计 / 扩初及施工图设计（建筑、结构、设备、电气））同济大学建筑设计研究院（集团）有限公司

设计人员：（英国 BDP）Stephen Gillham、顾天一、洪炜、Leonardo Zambrano
（同济院）戚鑫、陈剑秋、温雪凌、丁纪花、郭辛怡、姜文辉

业主单位：华为技术有限公司

项目时间：2014~2019 年

项目面积：132938m²（总用地面积）、116591.29m²（总建筑面积）、108024.29m²（改建、扩建建筑面积）

项目地点：浙江省杭州市

二、项目说明

华为杭州生产基地改扩建项目坐落在杭州市区的钱塘江畔，毗邻钱塘江边最美的“樱花跑道”，与西湖及龙井风景区隔江相望。

基地位于杭州市滨江区六和路、新和路交叉处，北邻 UT 斯达康通信有限公司、南至新和路、西邻六和路、东邻永久河。

本项目将地块内的一栋原有 2 层厂房局部拆除，加建一层，作为新的软件生产交付中心，建筑面积 68021.27m²。同时，整体拆除原食堂和连廊，新建一栋地下 2 层、地上 2 层的软件生产调试中心。软件生产调试中心地上建筑面积 10405.90m²，地下建筑面积 22226.50m²。另沿河新建一栋员工食堂及配套设备用房，地上 2 层、地下 1 层，地上建筑面积 4055.28m²，地下建筑面积 2608.13m²。基地内另有一栋原有办公楼，为保留建筑。

该地块未来作为华为全球的 GTS 客户培训中心。改造后的项目展现了华为良好的企业形象，达到行业较高的设计标准和水平。集培训教室、试验机房、办公区（供华为培训教师等使用）及配套的餐饮和客户休闲设施等。为 170 多个国家的高端人才提供 ICT 培训服务。

图 4-4-1　改建前厂房

图 4-4-2　改建后实景鸟瞰图（摄影：章鱼见筑）

图 4-4-3　软件生产交付中心（摄影：章鱼见筑）

图 4-4-4 室内中庭（摄影：章鱼见筑）

展示盒

主楼的建筑设计概念从建筑外观一直延伸到室内设计，整体统一的设计思路为用户营造了持续、和谐和统一的空间体验

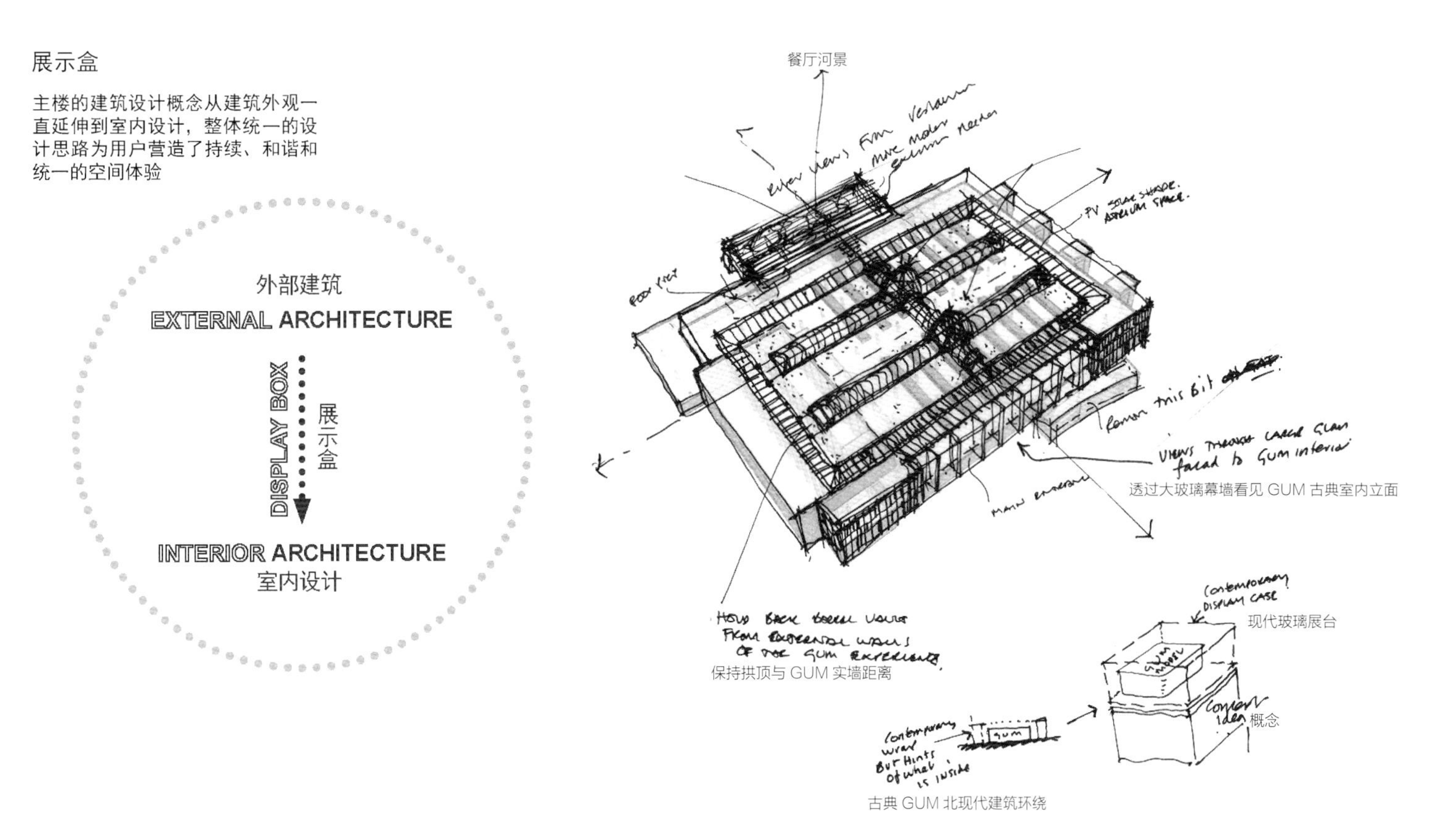

图 4-4-5　手稿：设计理念—展示盒

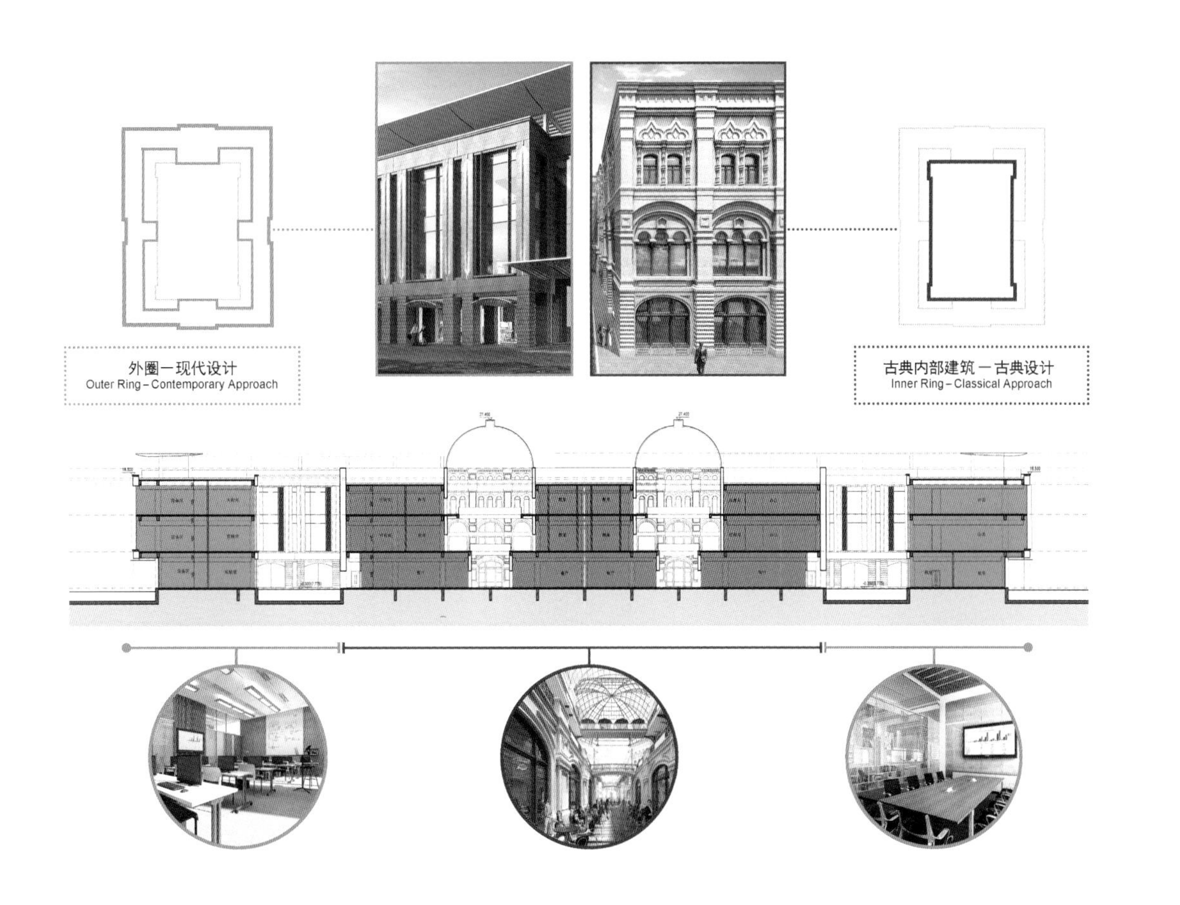

图 4-4-6　现代与古典造型对比

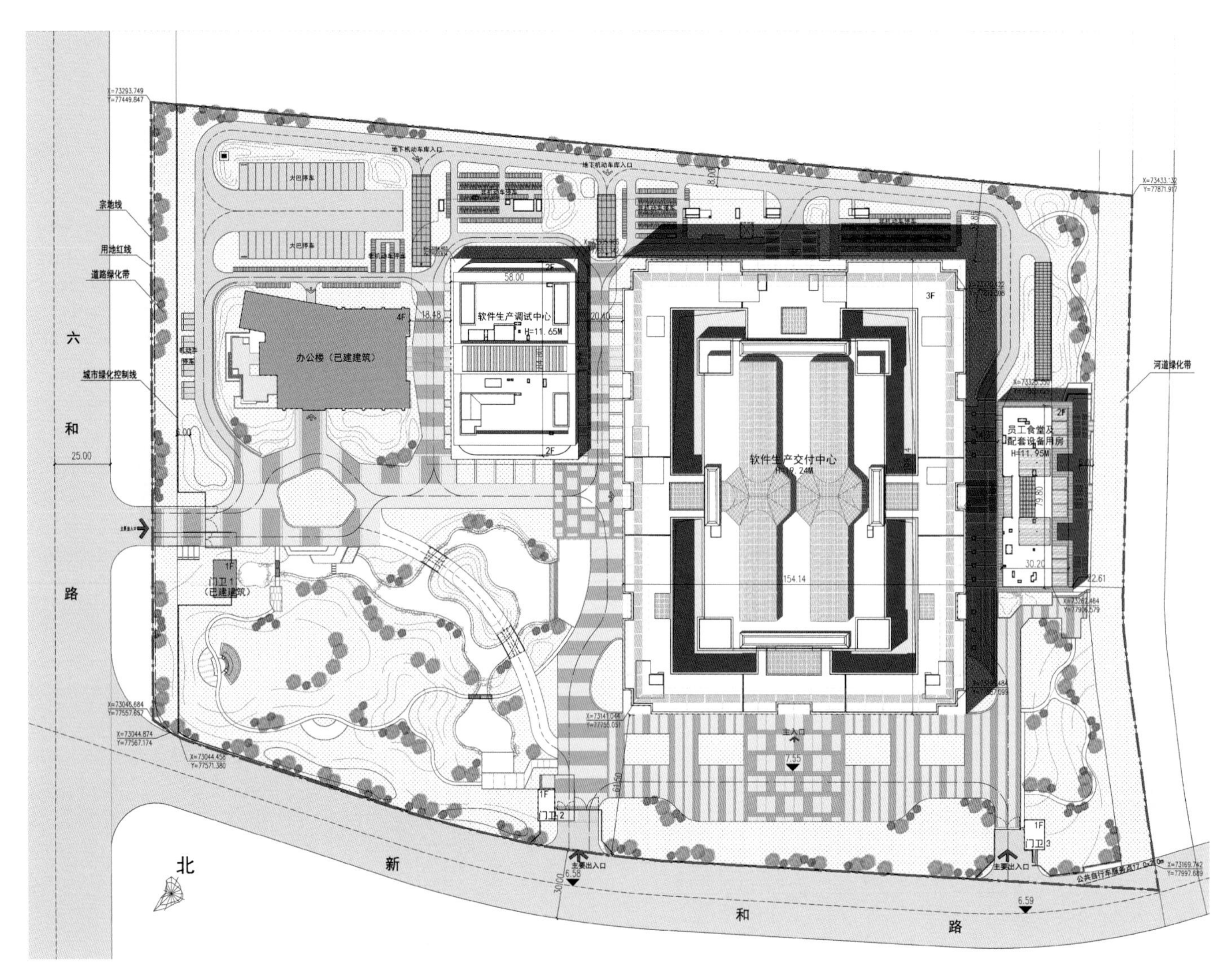

图 4-4-7　总平面图

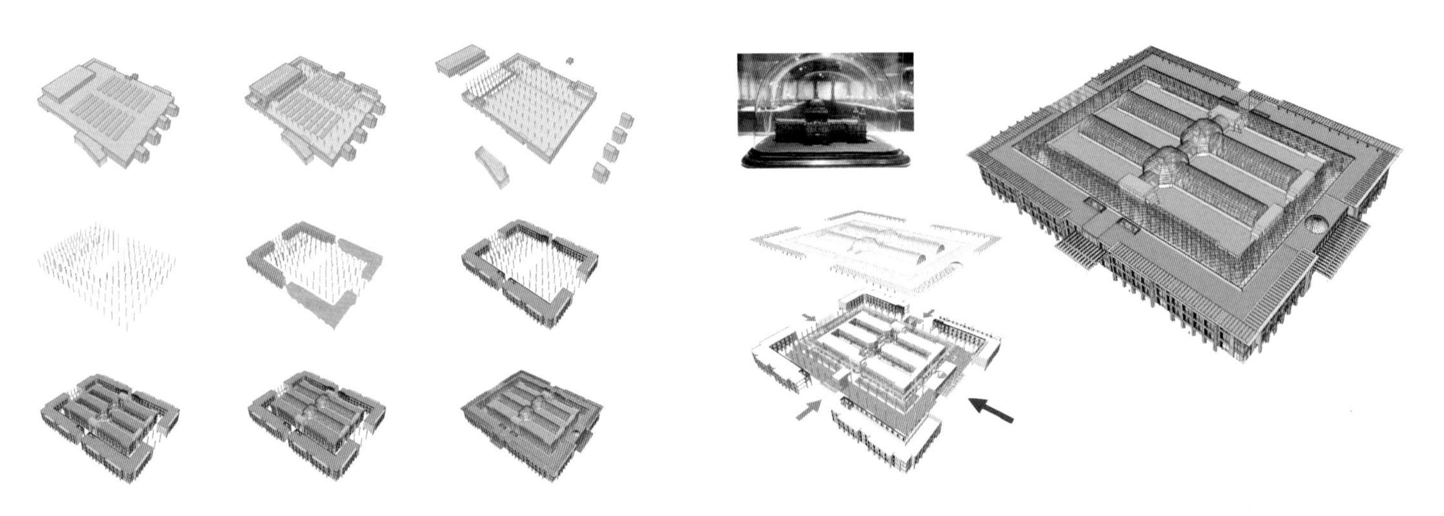

图 4-4-8　设计理念——形体构成（1 号楼软件生产交付中心）

图 4-4-9　软件交付中心内圈（摄影：章鱼见筑）

三、专家点评

设计师通过富有动感和张力的手法把场地性质与建筑特性糅合成一体，“勾勒”出一个“春游芳草地，夏赏绿荷池。秋饮黄花酒，冬吟白雪诗。”四季可游、可观、可赏、高效实用的高新科技生态有机空间。打造办公楼前广场区、培训中心前广场区、滨水广场区、中心绿化区、小庭院区、滨水绿化区六大区域，营造出一个融入自然的舒适工作环境和健康生态的工作模式。

了解得知，业主对位于莫斯科红场的莫斯科 GUM 百货大楼的外形及内部拱廊空间印象深刻、非常欣赏。始建于 1893 年的莫斯科百货大楼，原为交易市场，是俄罗斯中世纪风格和钢结构拱顶的结合，被誉为向 19 世纪末俄罗斯建筑精湛技术的致敬之作。该建筑曾经作为国营百货商场，现在已经私有化为综合商业中心。

本方案将古典建筑拱廊体量放在建筑中心，四周以内院围合，内院外围加入和古典建筑比例尺度呼应的当代建筑，整体外观上和杭州滨江高科技园区的形象契合，采用砂岩、锈蚀铜板和砂岩的组合材料。内部为业主欣赏的俄罗斯古典风格建筑。在十八、十九世纪的欧洲，贵族们喜欢把缩小版意大利古典建筑建在自己的花园里，透过自家窗户能欣赏这样的“盆景”。本方案的理念也相类似，整个设计像珠宝展示盒一样把俄罗斯中世纪风格建筑作为经典珍藏在当代建筑盒子的内部。方案内部将该古典建筑的平面和现有厂房平面叠加后，对厂房的柱跨进行隔跨拆除，同时加高一层，以实现莫斯科 GUM 百货大楼内部三段式的空间效果。

gad（浙江绿城建筑设计有限公司）合伙人、教授级高级工程师、享受国务院特殊津贴专家　方晔

嘉兴南湖天地

一、项目信息

设计单位：（建筑设计）TIANHUA 天华
（室内设计）AICO
（商业规划 / 概念设计）Oval 欧华尔顾问有限公司
（文保建筑更新）上海都市再生实业有限公司
（前期定位 / 商业策划）AECOM
（全专业施工图）同济大学建筑设计研究院（集团）有限公司
设计人员：（TIANHUA 天华）邢望、吴欣、陈郁、杨辛、杨永刚、朱政涛、董晓芳、黄融、江茹、李嘉洲 等
业主单位：嘉兴市城市投资发展集团有限公司、华润置地
项目面积：197323.98m^2
项目地点：浙江省嘉兴市
摄 影 师：10 Studio

图 4-5-1　迎宾广场东侧整体透视图

二、项目说明

嘉兴南湖天地位于嘉兴市南湖湖滨片区，紧邻“中共一大”会址，拥有丰富的自然景观和历史人文景观，现存众多历史文化保护建筑，有近现代留存最早的工业建筑绢纺厂及仓库，早期留存的幼儿园与南湖书院等，是城市文化脉络的重要线索。经过历年的城市发展与多次规划建设，已经成为嘉兴市城市中心有机更新最重要的区域。

在尊重场地城市肌理、保留原有风貌的基础上，项目以保护复建历史建筑为核心，打造集艺术品位、潮流时尚、旅游休闲为一体的体验式开放商业街区，赋予城市历史文化公共空间新的生机。项目策划“一大南湖滨水线”与“市民好生活线”南北两条动线，将文化、历史整合入现代城市商业与休闲旅游场景中，营造生动的空间记忆节点，致敬、传承历史，开启未来。

嘉兴南湖天地由“鸳湖里弄”“嘉绢印象”“南湖书院”“南堰新景”四大组团构成，将历史传承与在地性融入于现代建筑体系中，打造漫步式先锋生活空间。“鸳湖里弄”以高端餐饮、特色酒店为主要业态，建筑围合成不同尺度的里弄、街巷与广场空间，以露天廊桥连接，形成丰富多变的空间体系；“嘉绢印象”将绢纺厂转化为综合购物中心，保留传统建筑形态，通过艺术空间、国潮品牌旗舰店、大型书店等功能空间的植入，丰富了南湖天地的历史人文情怀；“南湖书院”则围绕书院历史建筑配置了研学体验馆、创新博物馆、湖滨剧场等文化空间，增强空间的互动性和体验性；“南堰新景”板块以景观为主要手法，点缀轻食餐吧、茶馆小亭等休闲娱乐空间，既是滨水公园的活力节点，也是手作市集等社群活动的重要场所。

根据 “保护为主、合理利用”的原则，团队针对性地对留存的历史文化保护建筑进行改造和修缮设计，通过建筑的“再生”激活商业街区的有机整体。嘉兴绢纺厂东侧的通透商业体与下沉广场结合，是嘉兴南湖天地的核心展示窗口。整体项目建筑室内外一体化设计，嘉绢厂的改造中保留了原有建筑独特的楔形屋顶，通过增设钢结构对原本的木桁架进行安全性加固，保证了斜面天窗的自然采光。“绢纱舞台”中庭空间运用水泥漆和白色涂

图4-5-2 “鸳湖里弄”滨水商业空间

图 4-5-4 鸟瞰图

NANHU

图 4-5-5　原嘉绢厂改造后成为商业艺术空间 2

图 4-5-6　二层商业连廊

料呼应了工业建筑的记忆，通过金属网和智能灯具打造出状若绢纱的轻盈、灵动感，延续历史记忆的同时增强了空间特色体验。项目对工业建筑、文化建筑进行保护与再生，致敬场所记忆，以多元复合的城市公共空间回应城市发展的时代命题。

三、专家点评

南湖天地项目设计中，设计团队的设计理念清晰，令人印象深刻的地方在于：①项目对工业建筑、文化建筑进行保护与再生，以嘉绢厂为中心，辐射南湖革命纪念馆和南湖书院文化，设计出具有历史探索感与文化体验感的社交互动场所与商业文创空间，丰富了嘉兴的历史文化积淀。②建筑设计的精致、精细、新旧对比和谐、有趣，场景营造出色。新建商业的现代玻璃材质与嘉绢厂的传统砖木外立面在视觉上和质感上形成强烈的对照，丰富了建筑环境的光影变幻，产生有趣的“古今对话”。③整个项目的尺度控制良好，微空间营造得当，疏密有致，形态多样，具有很丰富的城景体验。④对传统空间形式、材料质感、细节语言的研究

图 4-5-7　总平面图

得当，它呈现的状态与民众的休闲、购物和文化旅游的行为匹配。总体而言，这是一个规划、设计很成功的旅游性文化地产类的商业更新项目。

同济大学建筑与城市规划学院教授、博士，
同济大学国家现代化研究院城市更新中心主任　徐磊青

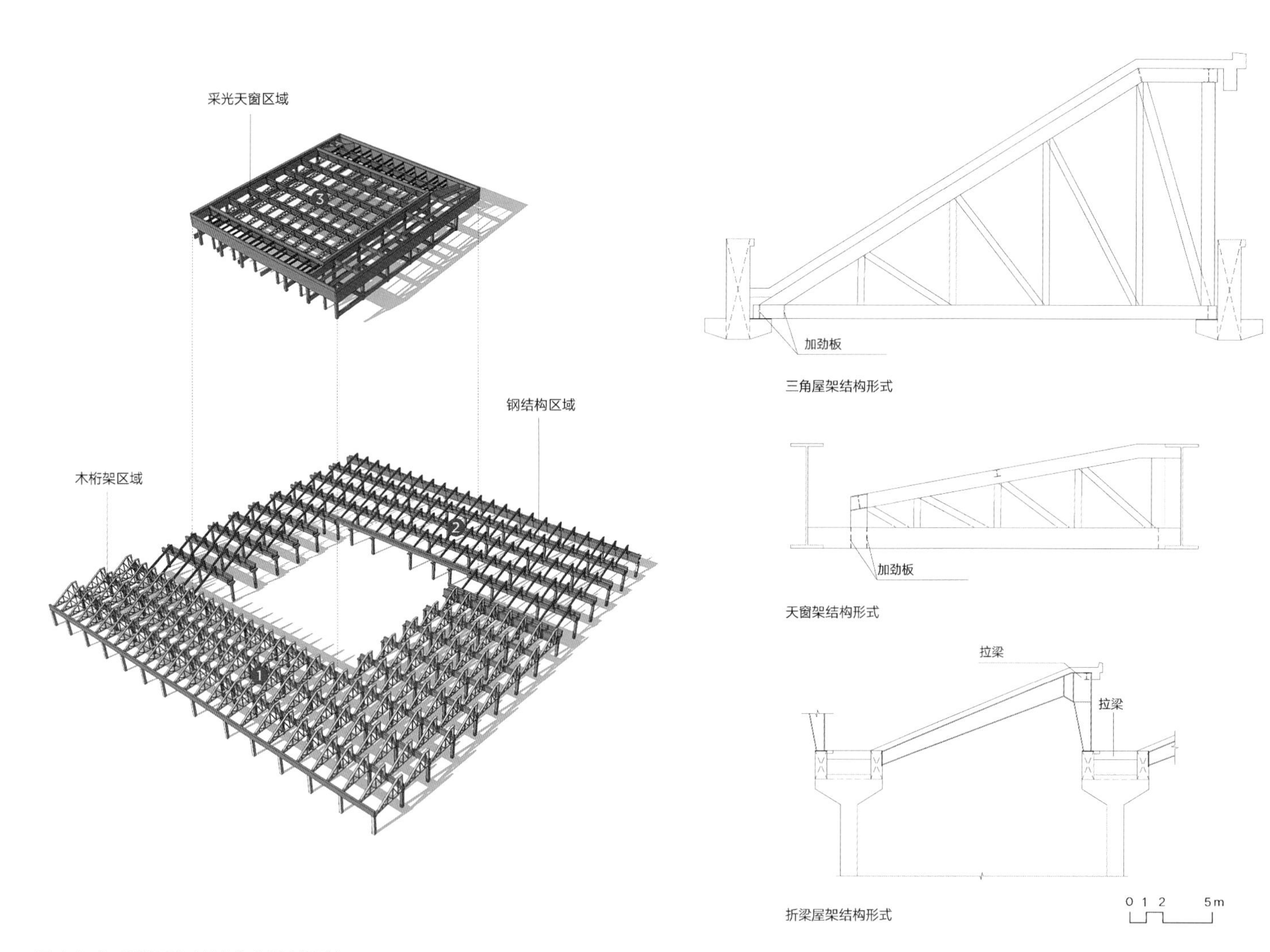

图 4-5-8　嘉绢厂房主体结构分析（组图）

上海力波啤酒厂更新

一、设计信息

设计单位：（景观设计）深圳奥雅设计股份有限公司（简称“奥雅股份”）
（建筑设计）上海日清建筑设计有限公司
（室内设计）无间建筑设计有限公司
设计人员：（奥雅股份）李宝章、姜海龙、温达毅、陈鹏远、吴楚贤、郭家祥、付剑、孙瑞凡
（力波啤酒）唐兴斌、黄国雄
业主单位：力波酿酒（上海）有限公司（简称“力波啤酒”）
项目时间：2018~2021 年
项目面积：12837m²（景观面积）
项目地点：上海市闵行区
摄 影 师：奥雅股份、一维

二、项目说明

力波啤酒文化广场位于上海市闵行区梅陇镇，北邻益梅路，东邻梅陇港，西侧为益梅小院邻里中心，总占地面积约 1.2 公顷（12000m²）。奥雅股份团队在改造中以尊重场地为原则，考虑公共空间的“活化”利用，筛选、保留场所中重要的历史遗存，从而赋予旧场地新意。

力波啤酒作为 1987 年诞生的首个上海本土啤酒品牌，见证了上海的城市发展与市民生活的演变。对上海人而言，力波啤酒不止是一个品牌，也代表着上海三十多年的拼搏精神，更承载着一代人奋斗的记忆。随着时间的推移，力波啤酒也经历了国民品牌、合资、兼并等不同的阶段。随着城市的发展，这块土地在经历了一段时间的沉寂后于 2018 年被提上了更新日程。

力波创意园内有 60m 高的烟囱，38m 高的麦芽仓，10 多米高的锅炉房——这些标志性的工业遗存均在修缮中被完好地保存了下来，同时通过更新焕发出崭新的面貌。设计通过赋能文化、保存历史、活化空间的手法，有机联结了不同的功能片区，“编织”多元包容的社区空间，注重周边居民、游客、办公人群以及商户等人群之间的交融、互动，自然引入文化空间，形成了再现生活空间和社群空间的“活化”模式。空间和场地人群以及力波特有的文化元素融合交织，丰富了创意园区原有的空间，激活、点亮了场地的核心历史遗存，从而加强了片区的

图 4-6-1　遗存的烟囱设计更新前 1

吸引力，实现了多元化的景观再生。

设计针对场地特性，营造四种趣味场所，分别是容纳人们休闲娱乐的邻里社群，力波啤酒厂的经典工业遗存标志，留有时光痕迹的文化聚集场以及使用时间、功能可多变的文创街区。当古旧、质朴的工业遗产被设计更新，与城市现状紧密相融的场地自然而然开始散发并衍生活力，更好地满足了多年龄段使用者的不同需求。无论是周边的居民老人，天性活泼的儿童，抑或是追求时尚的年轻人，都成为时代与场地记忆的延续。设计期盼用文

图 4-6-2　遗存的烟囱设计更新后 1

图 4-6-3　遗存的烟囱设计更新前 2

图 4-6-4　遗存的烟囱设计更新后 2

化景观弱化原有社会身份固有的差异，从而生成和谐社会的“想象共同体”。

2021 年 10 月 30 日，上海城市空间艺术季闵行区梅陇展区开幕，以“梅陇蝶变，给侬一个欢喜上海的‘新理由’”为主题，梅陇力波 1987 创意园和益梅小院作为展区的主会场，通过展览、汇演、论坛等多种形式，展示“15 分钟社区生活圈”实践案例，分享梅陇镇“15 分钟社区生活圈”的建设经验与成效，传递梅陇镇全面实施“中部崛起”的新发展格局，共同展望未来之镇。在城市土地紧缺、步入存量时代的当下，越来越多像力波啤酒厂这样的老旧厂房正迎来新的机遇，持续为所在社区带来新的活力。

● 实景图对比

园中 60m 高的巨大烟囱，作为力波啤酒厂的经典标志，饱含记忆老烟囱加固、修缮后被完整保留，并且立面被翻新，未来还将结合 3D 投影，夜里这里可以上演独特的绚丽灯光秀，体现老上海的海派韵味。

图 4-6-5　沉渣池改造庭院设计更新前

图 4-6-6　沉渣池改造庭院设计更新后

这座由原来的啤酒厂锅炉房改造的精酿啤酒餐厅，保留了老厂房的“旧”元素，走起了时髦的工业复古风，既是小资情调的休闲餐吧，也是打卡拍照胜地。广场前地面使用红砖铺设并加入与“力波”相关的歌曲的歌词文字，加上地面灯光和烟囱射灯，营造时光印记。

在保留老厂房构架的基础上，进行现代化的改造，保留了力波记忆。场地原为工厂沉渣池，通过改造变为树池花境，在庭院白天可观赏游玩，炎热的夏季傍晚，附近的居民们可以搬着椅子在广场上观看在大屏幕上播放的电影，热闹非凡。夜晚地面灯光亮起，别有一番韵味。

从前是污水提升泵房基坑，现在是孩童们蹦跳的游乐场。地面互动装置的设计吸引着周边人群，为孩童们提供玩乐空间，嬉笑的声音也为场地带来新的活力。

图 4-6-7　地面互动装置设计更新前

图 4-6-8　地面互动装置设计更新后

图 4-6-9　啤酒花廊架设计更新前

图 4-6-10　啤酒花廊架设计更新后

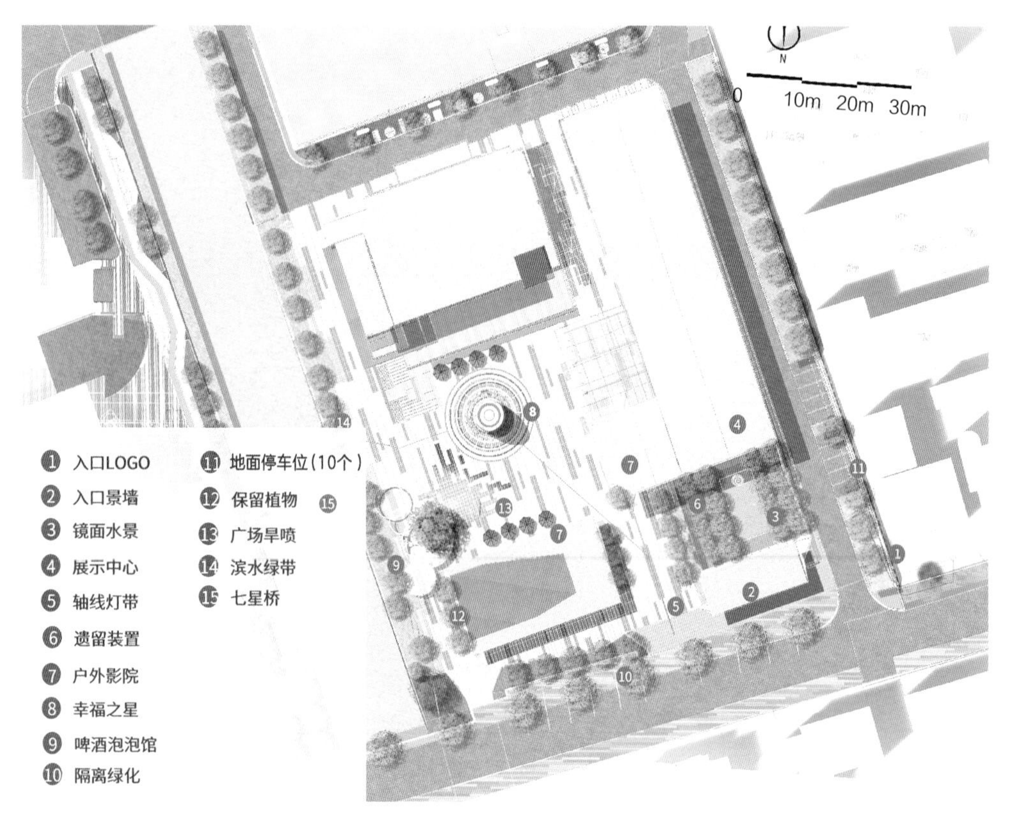

图 4-6-11　平面图

场地改造后的镂空廊架由不同直径的圆圈组成，好似啤酒丰富、绵密的啤酒花。阳光下的啤酒花廊架仿佛让本地居民在这个空间里唤起记忆，延续他们原有的生活方式，同时也满足更多年轻人的审美喜好。

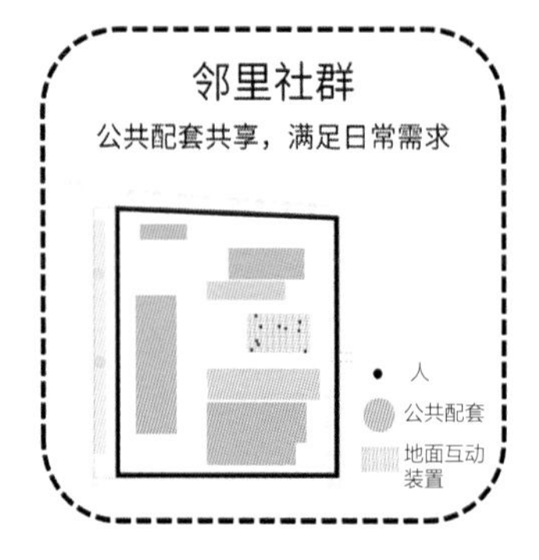

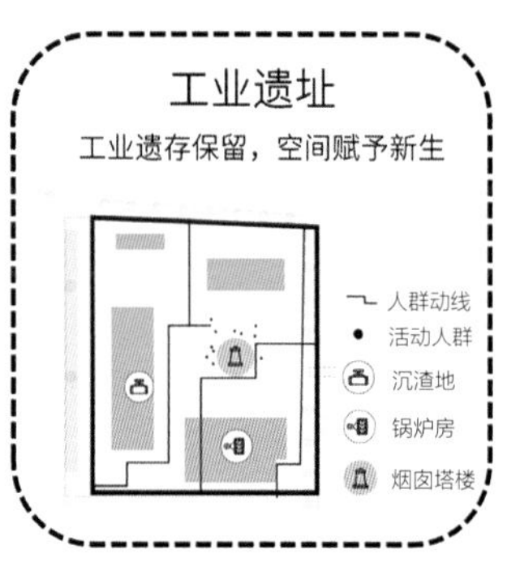

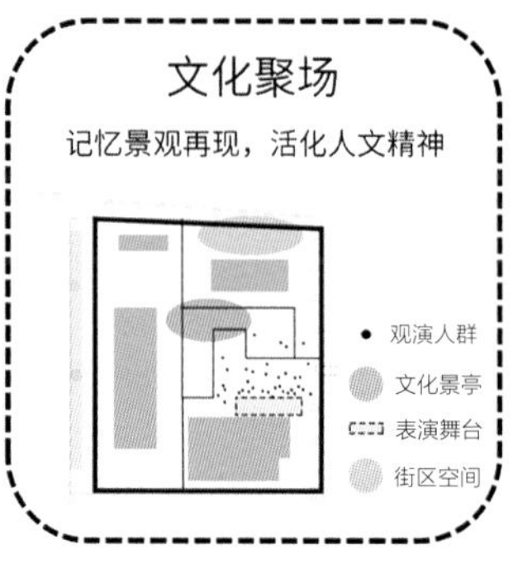

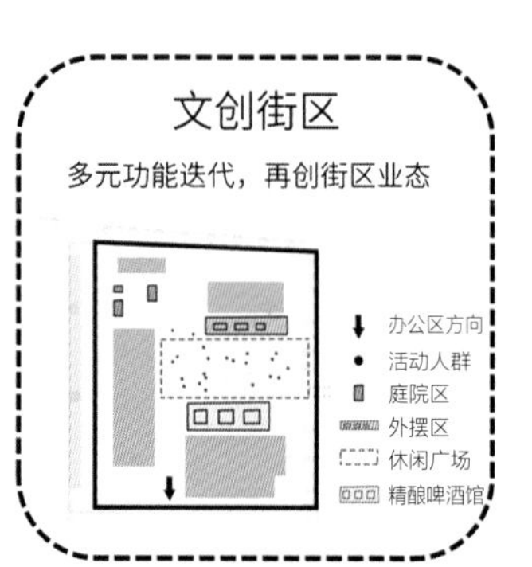

图 4-6-12　场地空间分区图

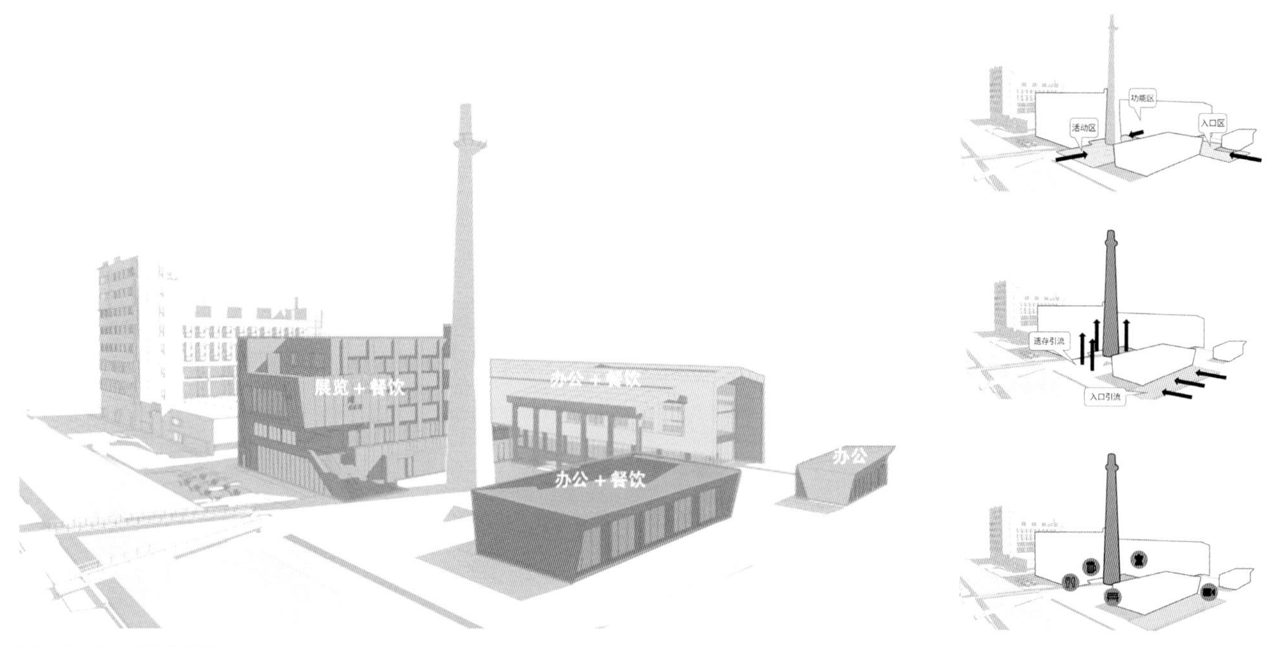

图 4-6-13　功能分区图

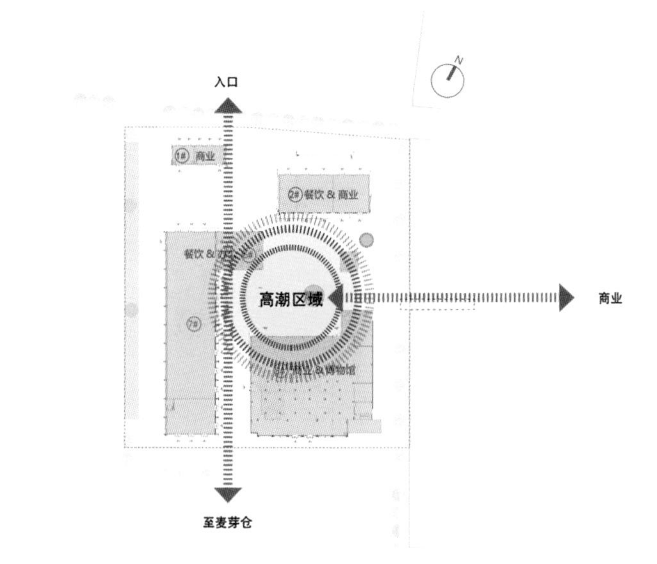

图 4-6-14　轴线设计分析图

三、专家点评

喜欢一座城市的日常理由：浅议力波啤酒文化广场的空间再生

上海是一座具有浓厚工业基因的城市。除了随处可见的工业建筑遗存，大街小巷里沉积着那些影响了每一代人的工业品牌的日常记忆。20 世纪 90 年代以来的城市更新尝试中，不乏对于这座工业城市的文化阐释的各种努力。在力波啤酒文化广场项目中，我们惊喜地读到一种“日常”视角下的工业文化再生文本。

相比其他的工业产品，啤酒的大众性消费模式似乎为这处工业遗存的改造项目先天赋予了一种亲和氛围。在空间的重塑上，设计师重新将原有场地中的空间要素重构，分为“常见”“可见”与“不见”3 种类型。“常见”的厂房车间（锅炉房）和烟囱，被谨慎地加以保留，通过灯光照明的艺术氛围强化为一种文化符号的“可见”，而原有的室内设备经过重新部署之后，选择性地保留了锅炉变速器，成为新建时尚秀场与精酿酒吧中的“岁月背景”。

工业建筑的更新改造难点之一是如何在场地中支持和吸引日常的公共生活。作为梅陇镇“15 分钟社区生活圈”和上海城市空间艺术季的典型案例，力波啤酒文化广场从空间的重塑上实现了一种供多元化人群使用的日常场所。尽管原有场地的基坑地形被覆盖而“不见”，因此赢得了一片“常见”的平整用地，成为公共性的多功能空间，但是通过地面互动装置的设置，在响应了儿童和年轻人使用需求的同时也提醒了人们场所改造位置的“可见”性。在保留的“常见”乔木旁，增设廊架支持广场的使用功能。廊架形式的灵感主题来自中老年人所“常见”的啤酒花，从而避免了工业构筑物景观中的棱角感，将工业建筑形式语言中的“不见”，以无痕的方式带入社区绵密的日常之中。

无疑，力波啤酒厂和它生产的啤酒，曾经是 20 世纪末这座都市中市民文化的时尚风向标之一。“喜欢上海的理由”，曾经是一句千家万户所熟悉的力波啤酒广告。三十多年过去了，或许很少有人记得那句广告词，但是当我们步入这处更新后的啤酒厂址，仍然可以体验到上海城市社区中日常的感动——这或许是让我们继续喜欢这个城市的理由。

同济大学建筑与城市规划学院景观学系副教授、博士生导师　董楠楠

张江国创中心（原剑腾二期厂房）改建

一、项目信息

设计单位：（施工图设计）上海中森建筑与工程设计顾问有限公司
（方案设计）大舍建筑设计事务所、直造建筑事务所
设计人员：（中森设计）韩慧君、赵晨捷、晏景通、戴康、赵志刚
（大舍建筑）陈屹峰、柳亦春、高德
（直造建筑）水雁飞、苏亦奇
业主单位：上海圆丰文化发展有限公司（上海万科企业有限公司、上海张江文化控股有限公司）
项目时间：2015~2016 年
项目面积：63142.80m^2（总面积），83033.00m^2（建筑面积）
项目地点：上海市

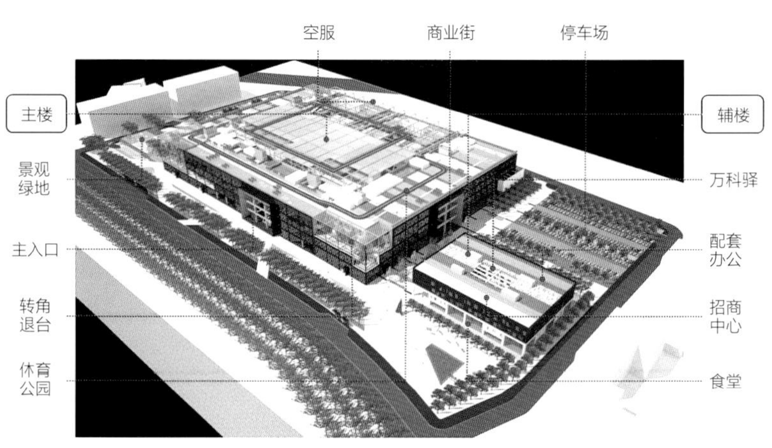

图 4-7-1　功能布局图

二、项目说明

张江复旦国际创新中心（简称“国创中心”）项目位于上海张江科技城东北部，总建筑面积约为 8.3 万 m^2，由万科投资建设。本项目获上海市 2017 年优秀勘察设计项目（公建类）三等奖。

项目主体建筑前身为 CRT 显示屏厂房，共 4 层，层高 8m，平面呈矩形，长宽尺寸分别为 181m 及 132m。项目经设计改造后，致力于成为上海乃至中国创新型企业的聚集高地。

基于既有建筑的自身特点，设计单位采用多种策略，将庞大、幽暗的工业生产空间转化为充满文化气息和活跃氛围的创新社区（商业不超过计容面积的 2%），并保留工业建筑特有的理性与力度。改造后的创新社区全部为众创办公空间，为张江地区打造最大的科技创新平台，地上 4 层，屋面设屋顶花园和运动跑道，辅楼改造后为配套办公区，地上 4 层，地下 2 层。

拆改量巨大，属复杂改造项目。主楼占地面积约 181m × 132m，为国内较大规模的单体改造项目，因拆改量巨大，我们在方案还原度上做了多个优化建议，最后选定主楼二层增设夹层，并由 3 层改为 4 层，辅楼由 2 层改为 4 层。主楼 5.5m 标高处华夫板范围内拆除 284 根框架柱，共拆除楼板面积达 1.3 万 m^2。主楼原有电梯全部拆除，填补板洞，并在原有楼板上开洞，重新排布 12 处垂直交通核。

由于属于复杂改造项目，因扭转不规则以及改造导致楼板不连续、竖向构件不连续等诸多超限，设计人员组织专家进行了特别不规则多层建筑抗震论证、加固改造论证，为加固设计提供依据。

图 4-7-2　张江国创中心改造后鸟瞰

图 4-7-3　张江国创中心主楼建成实景

图 4-7-4　张江国创中心主楼夜景透视

改造前

改造后

图 4-7-5　改造前后主楼内部空间

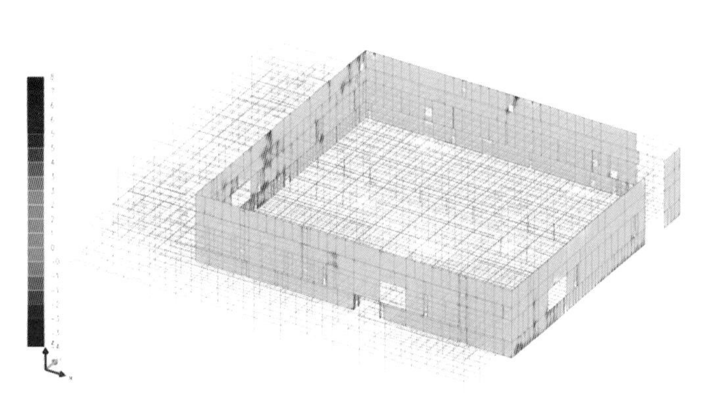

混凝土墙体开洞有限元分析

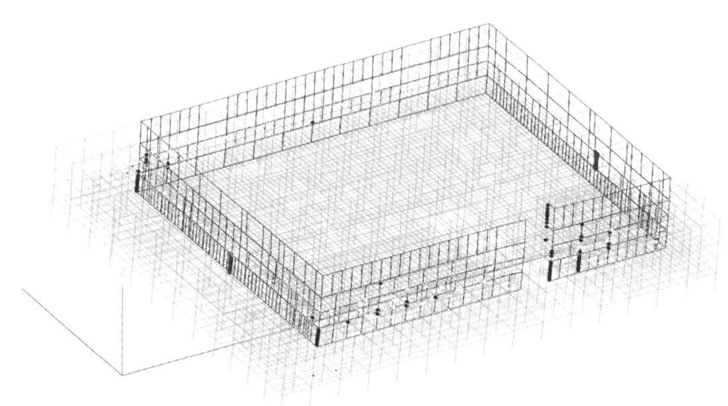

推覆分析破坏形态

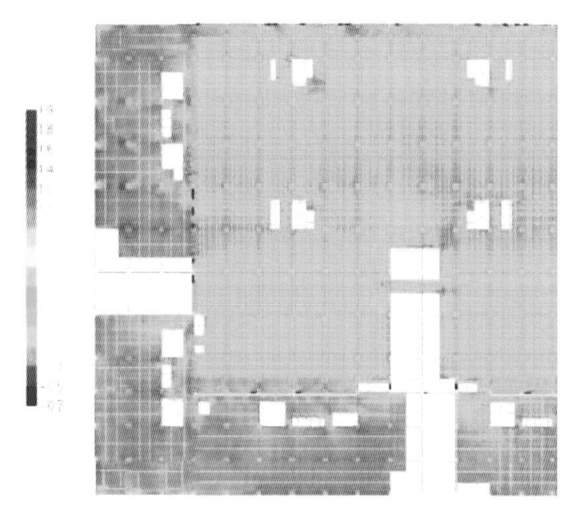

多遇地震和设防地震作用下的楼板应力云图

图 4-7-6　加固改造论证计算模型

● 超级街区

为强调项目室内空间的识别性，设计在建筑主体内部设置贯穿全局的“T”字形中庭，使之成为国创中心主要的开放性共享空间。中庭同时也是项目的内部交通主轴，设计以此为主线，发展出多条交通支线，辅以类型多样的垂直交通系统，将体量硕大的单体建筑演化为供人漫步的“超级街区”。强化室内空间的识别性，通过色彩艳丽的连桥、楼梯连接上下及两侧房间，以围合、收放、开闭、集合与分散的变化，形成富有张力且丰富多彩的空间形态。辅楼公共区域则通过错层、旋转楼梯、彩色玻璃房、绿植墙面等元素，形成灵动、活跃、丰富、迷人且亲切、舒适的建筑空间。

● 全生态链

国创中心的建筑平面功能配置，充分考虑众创办公、企业孵化器、商务办公、企业总部等多种规模、业态的不同需求，并结合建筑的既有空间进行差异化布局。这些类型各异的业态既独立又相互联系，有机构成一个包容大、中、小、微全生态链的创新中心。

● “天光公园”

针对既有建筑存在进深过大、自然采光通风严重不足等问题，设计拆除部分屋面、楼板，将“T”字形中庭打造为充满阳光和新鲜空气的“天光公园”，使之成为充满生机的休憩和交往空间。

除此之外，设计还借助屋顶花园和建筑转角处的空中花园，来营造类型多样的室外、半室外活动场所，有效提高国创中心的空间品质。为打破建筑的呆板和沉闷，主楼在几个转角做退台处理，并种植香樟树，将景观引入建筑，相互融合。

● 叠层置入

设计充分利用既有建筑内部空间高大的特点，增加新的楼层拓展使用面积，并使空间尺度更为宜人。既有建筑结构框架内置入的单元化幕墙系统，也使建筑立面呈现出别致的像素化肌理效果，而建筑主入口及空中花园处穿插的玻璃砖、穿孔铝板等新材料，为建筑增添许多当代气息。

图 4-7-7　改造后的主楼“T”字形中庭与超级街区

图 4-7-8　改造后的辅楼公共区域

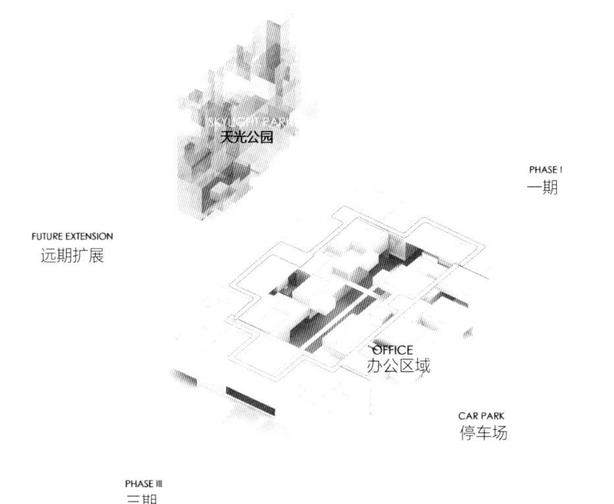

图 4-7-9　内部引入自然光，形成共享空间

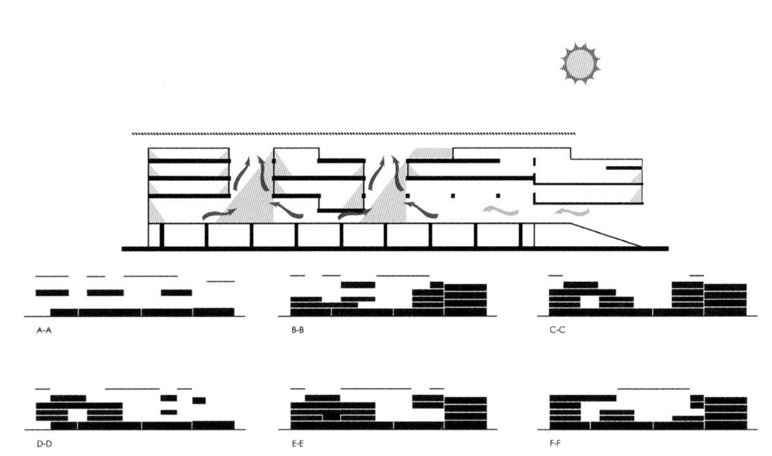

图 4-7-10　内部空间形成良好的采光和通风

图 4-7-11　建筑转角处的空中花园

图 4-7-12　主楼屋顶花园

图 4-7-13　改造前后建筑外立面效果对比（组图）

三、专家点评

在深入了解之后，发现剑腾二期厂房改建项目并非一开始印象中简单的工业厂房加层改造为办公空间的项目。事实上，既有的181m×132m超大体量的厂房建筑和建筑外围原有的封闭防爆墙，都为项目改建的设计和投资控制带来了很大的挑战。设计团队通过拆除大面积楼板，在建筑内部形成“T”字形采光中庭，辅以在室内搭建色彩丰富的连桥、楼梯等辅助交通设施的手法，成功地改善了原建筑使用环境的采光、通风和分区，为各个区域创造了特色明显、可识别的空间体系以及适宜的分隔标准和年轻、活泼的工业化公共空间氛围。在形体上，主楼在转角处搭建的退台式空间引入了外向的景观环境，大大丰富了大体量厂房平整规律的立面，创造了非常有特点的项目形象。项目建筑加结构的核心设计团队在工作中克服重重困难，包括结构改造工程量超预期，拆改柱板、基础改建、调整电梯楼梯难度大等技术难点。项目在极有限的工期和改建预算的情况下，较完整地实现了整体设计意图，也获得了运营和租赁的正面反馈，足以证明它是个成功的商业性厂房改建项目。它将为未来同类的更新项目提供许多重要的实践经验。

上海城投资产集团副总工程师　邬晓华

第五章

社区提升

曲江旅游观光轻轨站点改造提升

苏河湾地区城市设计

宣西上斜街金井胡同公共空间改造提升示范工程

曲江旅游观光轻轨站点改造提升

一、项目信息

设计单位：（建筑方案）上海秉仁建筑师事务所（普通合伙）
（建筑施工图）中联西北工程设计研究院有限公司
设计人员：（上海秉仁）马庆祎、滕露莹、林家豪、张庭维、黄紫璇、邵帅、徐荣耀、邵鹏、吴彬彬
业主单位：西安曲江旅游投资（集团）有限公司
项目时间：2020~2022 年
项目面积：6997m^2
项目地点：陕西省西安市

二、项目说明

● 设计背景

西安曲江旅游观光轻轨线是一条全长 6.8km、贯穿了大唐芙蓉园及曲江池遗址公园周边的观光线路。沿线分布 9 个站点及 1 个维修站点，上部是站体，下部是辅助商店及便民设施等辅助空间。2020 年，在大力推进城市更新的新背景下，为符合新曲江的形象，轻轨线路启动了沿线站点的更新改造工程。作为曲江富有特色的旅游新地标，改造除了满足轻轨本身的观光功能外，还需要重塑业态，活化城市空间。我们希望纳入对城市的关怀、对建造的关切、对人性尺度的追求，用温暖的城市公共空间承载市民、游客对这座城市的需求，使这些被遗忘的空间重新融入城市生活。

● 设计策略——城市驿站

由于每个站点所处的外部环境各不相同，作为公共建筑，站点一方面需要融于原有的城市环境肌理，一方面又可以强化自身环境的场所感，给予自身独特的空间属性。

图 5-1-1　轻轨线及站点区位图示

策略一：建筑与城市风貌、自然环境共生

我们通过研究各站点场地环境的城市风貌肌理，归纳、总结周边建筑形态及站点区位，将环境特点融入其中，设计与周边建筑风貌、尺度、人群活动相呼应的站体空间，同时考虑曲江自然环境的特色，将建筑材料元素与之融合，做到建筑与自然的共生。

图 5-1-2　各站点改造前

图 5-1-3 “乐活 · 亭”类型站点改造后

图 5-1-4 “绿野 · 屋”类型站点之一畅观楼站改造后

策略二：小型 TOD 模式综合开发与社会活动共生

引入 TOD 模式进行综合设计，以小型轻轨公共交通为导向，混合多用途的功能开发模型，在站点的基本交通功能之外提供不同的城市服务功能，与站点的人居活动共生，打造具有城市昭示性且富有生命力的都市驿站。

设计依据站体外部的风貌肌理、自然环境、社会活动等不同属性，将 10 个站点分为四大类型——“乐活 · 亭”“绿野 · 屋”“水岸 · 特”“风貌 · 存”。

“乐活 · 亭”类型的站点都位于城市广场的一隅。“乐活”的理念，鼓励人们驻足停留。设计采用双层坡屋顶的形式，以大小屋面来

化解 3 层的站体高度带来的尺度问题，使站点空间与周边空旷的环境相互协调。

“绿野 · 屋”类型的站点置身于公园景区中，设计因势而为，提供了不同标高的休憩场所和充足的外摆空间。采用石瓦屋面、砌石墙面以及接近自然的立面木质材料，回应身处公园的“真实”。

“水岸 · 特”类型的站点重点利用临水的环境优势，打造易于观景的空间以及与水岸相协调的建筑形式。

“风貌 · 存”类型的站点由于位置、风貌的特殊性，改造以适度更新为主，在尊重原风貌的基础上，融入现代的建筑设计元素，实现“轻改造”。

图 5-1-5 “水岸 · 特”类型站点之一寒窑站改造后

图 5-1-6 “水岸 · 特”类型站点之一唐城墙遗址公园东站改造后

图 5-1-7 “风貌 · 存”类型站点之一维修厂站改造后

各站点还设置了健身、夜跑等配套设计，置入卫生间、座椅、自动贩卖机、智能设备等便民设备与功能区，同时分别设置用来休息、充电、更衣的功能空间，做到对环境和使用者需求的响应。

● 构造研究

为了更好地平衡改造效果和成本之间的矛盾，我们将既有墙面及梁柱外包拆除并恢复到原有的钢结构状态，同时将月台层原有的柱梁重新替换成新的钢结构，以此适应不同站点的结构效果。

建筑以钢结构包木作为主体构造形式，吊顶采用裸露的钢梁结合复合木板及木纹铝板，屋顶选用金属直立锁边及石瓦屋面，以这样的搭配方式构建建造逻辑。在公共月台近人尺度可观看的角度，设计进行了端部的变截面处理及收边材料的细致选择，最终实现了轻薄的檐口效果。

“城市空间最有趣的一点就是将建筑嵌入城市环境当中，功能也能随着城市的需要而改变。建筑虽然微小，但能让城市变得更生动。”我们期待随着曲江轻轨站点的改造建设，这些微小的城市 TOD 能真正参与、融入人们的城市生活，成为有温度的生命体。

三、专家点评

西安“曲江旅游观光轻轨站点改造提升”项目的贡献，在于它既为现有轻轨系统重新焕发活力注入了生命力，也为以大唐芙蓉园和曲江遗址公园为核心的城市公共空间叠加了一个具有当代性和丰富想象空间的线性活力要素，赋予了城市一个被公共生活所定义的新的结构。

原先的轻轨虽然被定位为“观光轻轨”，但实质上仍然是被当作一种单纯的市政基础设施要

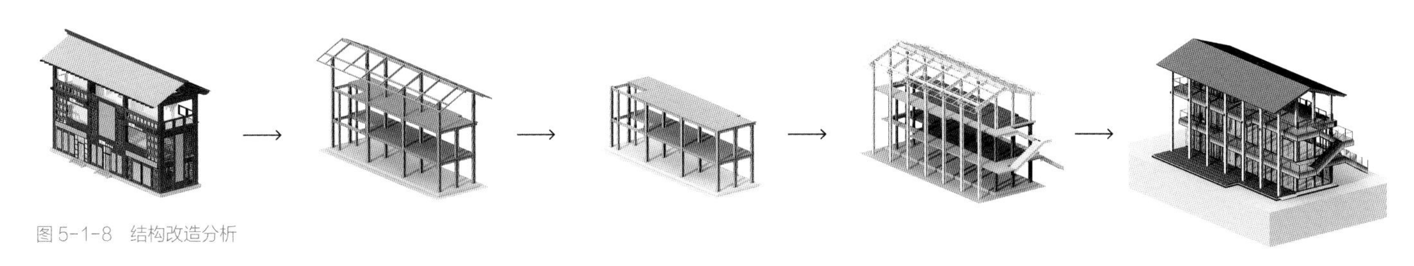

图 5-1-8　结构改造分析

屋面：深灰色铝锰直立锁边

月台层：8mm 厚复合木板

月台层：3.0mm 仿木纹铝板

300mm × 50mm × 3mm
铝合金方管（仿木纹材质）

深灰色铝板

0.9mm 厚 25-400 型
立边咬合铝镁锰屋面板

3.0mm 深灰色铝板
3.0mm 仿木纹铝板
8mm 厚复合木板

8mm 厚复合木板

实木扶手

3.0mm 深灰色铝板

0.9mm 厚 25-400 型立边
咬合铝镁锰屋面板
3.0mm 深灰色铝板
3.0mm 仿木纹铝板
8mm 厚复合木板

300mm × 50mm × 3mm
铝合金方管
（仿木纹材质）

25mm 深灰色花岗岩

图 5-1-9　结构分析——以大雁塔北广场站为例

素而存在，忽略了它所蕴含的激发城市空间活力和公共生活多样性的潜力。

设计以一种新的态度看待市政基础设施，把它视为城市空间体验和行为链条的关键环节。这一立场恰恰赋予了轻轨系统所在区域一种场所的厚度，包括更加混合的功能、更加丰富的空间层次、更加人性化的步行体验、观察环境的更多维的视角等，带来了被不确定的行为所定义的多样性和丰富性，而这样一种厚度是我国相当一部分城市中单薄的“公共空间”所不具备的特质。

对于城市而言，某栋建筑、某个要素、某一街区，甚至是整个城市，在发展中总是有起起落落、生生死死，这是城市建筑生命轮回的常态。在当代城市中，建筑师要面对的问题，正在越来越多地转向这些失落的要素，并且必须以一种积极的态度去看待这些“蛰伏”在城市中的空间片段，以一种耐心和智慧将它们转化为城市更新的契机。

可以看出，建筑师在设计中一直在积极思考项目的城市性贡献，关键的设计策略来自对环境恰如其分的反应。“驿站”所包含的流动、停留、交流等涵义，与“车站”的概念大相径庭，正体现了设计师对于项目核心问题的机智把握。而对于尺度的调节、材料的运用和色彩的处理，又使得这些“驿站”在个性迥异的同时，体现出对于人性的充分尊重。

“曲江旅游观光轻轨站点改造提升”项目每一部分的规模都不大，但在整体上其折射出的理念和策略，对当代中国城市的发展是具有启发性和借鉴价值的。

同济大学建筑系常务主任　王一　博士

苏河湾地区城市设计

一、项目信息

设计单位：（城市设计）楷亚锐衡设计规划咨询（上海）有限公司（CallisonRTKL）
（控规编制）上海市城市规划设计研究院
设计人员：（CallisonRTKL）陈敬尧、魏力、颜琪、张芹、Greg Yager、许峰、甘泉、王怀昌
（上海规划院）奚文沁、李天华
业主单位：原闸北区规划和土地管理局[1]
项目时间：2010 年
项目面积：3100000m²
项目地点：上海市
摄 影 师：胡艺怀

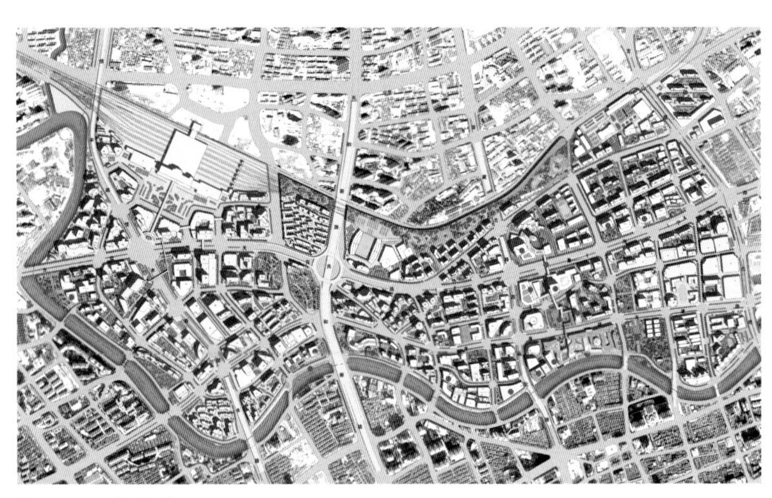

图 5-2-1 总平面图

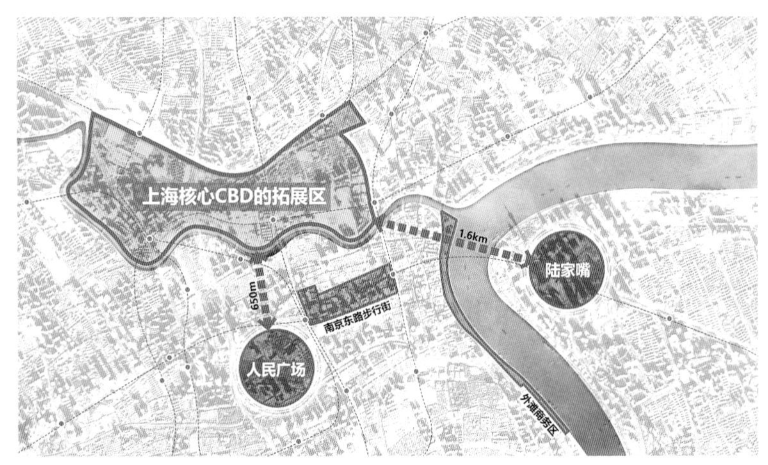

图 5-2-2 中心城区的黄金洼地

二、项目说明

● 苏河湾城市更新实践

城市更新行动是个系统的、动态的过程。相比新城建设，城市更新需要规划师有更敏感的神经，讲究因地制宜和“对症下药”。设计通过对比苏河湾规划以及 12 年后的实施现状，思考对城市更新项目而言，一个清晰、有序而又切实可行的发展框架对城市可持续发展的意义何在？在经济、社会层面有哪些推动作用？它又会如何影响到人的微观使用？

为了苏河湾地区的未来更好地发展，2010 年，原闸北区区委政府正式启动了苏河湾地区城市设计国际方案的征集和深化工作。CallisonRTKL 赢得国际竞赛第一名，并在其后经过 9 个月的反复论证，最终和上海城市规划设计研究院携手为苏河湾的跨越式发展提供规划蓝本。

● 通过精准定位指导产业选择与功能优化

苏河湾是上海中心城区最有价值的黄金洼地。它曾经是中国民族工业的摇篮。抗日战争后满目疮痍，改革开放后随着城市工业北迁，它的定位越来越模糊，其稀缺的地理区位和独有的历史记忆与现状发展严重不匹配。

苏河湾的发展定位，必须放在上海 CBD 核心经济圈的大框架下来分析才更加清晰。 距人民广场直线距离

① 2015 年 10 月，国务院批复原闸北、静安两区“撤二建一”，设立新的静安区。

图 5-2-3　由苏河湾望向黄浦江

650m、外滩商务区 1000m、陆家嘴 1600m、苏河湾独特的区位优势使其有可能主动承接上海核心 CBD 的功能拓展，积极实现 CBD 经济向北发展的拉动。规划确定的“上海核心 CBD 的拓展区”这个定位对指导苏河湾未来的产业选择和功能定位无疑具有深远的影响。今天的苏河湾地区已经在金融、商务服务、人力资源服务方面取得了可喜的成绩，已有超过 18 家跨国企业总部落位于此，宝格丽酒店以及建设中的苏河湾中心为区域金融产业提供了优质的硬件环境。

● 以“种子”为引擎，“对症下药”

如果把城市当作一个有机的生命体，我们相信在适当的时间和战略位置对其“对症下药”“输入能量”，它是能依靠自身机制焕发生机的。

我们在项目初期“撒下”三颗“种子”。第一颗绿色的“种子”——以城市公共空间整合分散的资源，释放更新信号。第二颗文化的“种子”——以文化复兴带动滨水文化产业的繁荣。第三颗“种子”——借洲际酒店的优势打造休闲娱乐的空间，拉动枢纽服务和旅游休闲。每颗“种子”带有不同的使命，处于不同的关键位置，配以不同的策略，中期“种子”就近生长，开花结果，远期城市潜能被激发，依靠自身机制实现可持续发展。

第一颗绿色的“种子”在实施阶段，后来迫于运营的压力被压缩得很小，但是由它出发通往苏州河的通道得以打开，为人们提供了到达苏州河的多条选择路径。更重要的是，它锚定了核心的战略位置，统领并奠定了周边四个方向的战略发展：往东促进七浦路时尚产业升级；往南连苏河湾促进历史建筑的翻新与改造；往北催生海宁路打造未来最高强度城市综合体；往西连接地铁站点综合开发。这样的结构使得更新后的东区跟陆家嘴在功能上有着更加紧密的联系，有潜力将自身打造成为“商贸金湾”。

● 为未来做预留，引入“时光轴”

城市更新是关于时间和空间的概念，我们的规划要为未来发展预留足够的弹性。从浙江北路到西藏北路之间的区域是唯一可以南至苏州河、北到铁路的全线可做文章的完整更新区。规划引入“时光轴”的理念，从南往北见证一个时代的变迁。

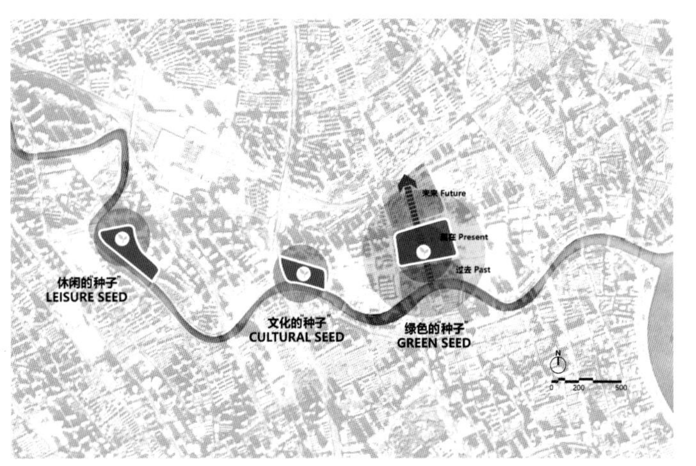

图 5-2-4　三颗种子

图 5-2-5　通往苏州河

“时光轴”南段是临苏州河众多的银行仓库历史建筑，我们保留老建筑、置入新功能。中段的大悦城综合体作为正在建设的商业、商务新地标，第一颗绿色的“种子”正是落位于此。“时光轴”北段为未来做预留，充分依托海宁路城市主动脉的可达优势，打造苏河湾未来最具价值、最高强度的综合开发区。目前，海宁路以北的华兴新城和安康苑作为内环土地价值最高的两个项目的开发方案基本落地，未来将会诞生高度为 330m、300m 的静安第一、第二高楼，与浦东的天际线产生动感韵律的联结。

● 重塑苏河湾滨水文化魅力、生活魅力

我们相信，一个正确、清晰、良好的城市发展框架对城市而言，就像人体骨骼是根本和基础。12 年的光阴，从规划到实施，我们看到了苏河湾在规划的发展框架下稳步推进。宏观层面，这张规划蓝图从多个维度推动了城市经济、社会的正向循环。微观层面，规划改善了人居生活环境，通过曲阜路的林荫化改造以及区域内 4700m 的苏州河景观再造，让人们有地方可以驻足，促进社会交往。

2021 年，位于宝格丽酒店附近的滨水绿化景观改造已经完成。滨水空间与城市功能界面结合得更融合。人们在这里找到一种归属感：我们看到年轻的父母在树下交流育儿心得；小朋友在附近安全地嬉戏；老年人在河边悠闲地漫步；不同的游客流连忘返于四行仓库和上海总商会旧址之间；路边的咖啡馆灯火闪烁。苏河湾文化魅力的长卷正在慢慢展开。

三、专家点评

苏河湾地区原来是上海苏州河以北的一个大规模成片旧区，除了四行仓库等沿河的优秀近代工业建筑以外，大部分是棚户区。2010 年，原闸北区委、区政府启动了苏河湾地区城市设计的国际方案征集，CallisonRTKL 公司设计方案在一众国际知名设计机构中脱颖而出，获得优胜。

城市设计方案以“三颗希望的种子”为主题，在城市发展重要的关键点上，以开放性公园植入新生的活力，打通滨河公共步行体系，连接地铁线路的站点，形成连续的慢行交通网络。该方案充分尊重和利用基地历史建筑文脉资源，保护苏州河沿岸近代工业历史遗存，保留传统街巷肌理，延续旧式里弄传统立面和空间特征，严格控制滨河建筑体量，优化城市公共界面，形成高低起伏的天际轮廓线。利用城市更新的契机，严格控制新建住宅建筑规模，大幅度增加商业、办公、酒店、文化等公共活动功能空间，承接外滩金融贸易区的功能辐射，推动苏河湾地区的华丽转身。

在该城市设计的指导下，闸北区成立了苏河湾开发建设推进办公室，引入华侨城、中粮、华润等高水平央企，加快旧区土地征收和历史建筑保护，先后建成四行仓库抗战纪念馆、宝格丽酒店、静安大悦城、苏河湾万象天地、凯德星贸商业中心、静安国际中心、OCT 艺术馆、UCCA 美术馆等一大批公共设施，苏河湾城市设计的蓝图已经大部分成为现实，苏河湾地区也已经成为上海市中心极具吸引力的中央活力区的重要核心片区。

上海市闸北区规划和土地管理局原总规划师　廖志强

图 5-2-6 “时光轴”

图 5-2-7 苏河湾景观再造

图 5-2-8 滨水步道改造前

图 5-2-9 滨水步道改造后

图 5-2-10 苏河湾夜景鸟瞰

宣西上斜街金井胡同公共空间改造提升示范工程

一、项目信息

设计单位： 华通设计顾问工程有限公司
设计人员： （华通设计）梁伟、方旭、林桦、刘芳、张倩、宋雪飞、曹然、熊智斌
（燕广置业）刘亚敏、王倩
业主单位： 北京燕广置业有限责任公司
项目时间： 2019~2022 年
项目面积： 3530m^2
项目地点： 北京市

二、项目说明

● 创新内容

本次提升改变了传统以短期的、各单位独立执行、外在的胡同整理，探索一种以人为本、多方参与、体系化、精细化的老城更新模式，通过公共空间的提升，改善民生环境，彰显文化品质，优化交通出行，倡导共生街区，让胡同有品质，让居民有获得感，并以此为契机，探索胡同长效治理的模式。整个项目分为两期，一期为以上斜街东段及中段局部工程为主的工程，二期为中段和西段工程。

● 技术特色

（1）以文化营造胡同品格，擦亮历史金名片

上斜街历史悠久，明代形成的胡同肌理留存至今，这使得其文化密度极高，单侧历史建筑占比超过 80%，但均被违章建筑遮挡。本次工作将历史建筑周边违章建筑全部拆除，所有文物得以亮相。

上斜街曾是金水河故道，因此胡同景致独特。挖掘上斜街河流文化，强化台地空间，以河流元素作为空间线索，“连珠成串”塑造了多个节点。

上斜街微公园，是将空间特色与居民活动相结合的体现。

图 5-3-1　曲水流觞微节点设计：设计以草书形式打造曲水流觞的意向，体现文人墨客诗酒唱酬的雅事，并保留了拆除后的建筑材料，用于后续的场地铺装、座椅的建设，呈现场地的历史感

台地也可作为天然的文化宣传载体，置入与上斜街文化相关的浮雕，通过台地设计，形成双层步行系统，优化居民出行方案。

图 5-3-2　台地系统设计：利用天然高差，形成双层的步行系统

（2）以人为本，落实公众的广泛参与

项目采用调查问卷、视频采访、微展厅讲解和方案征集等方式落实公众参与，并借助街道、社区工作者的力量，分时、分段，提供咨询服务。最终收回有效问卷 200 份，占上斜街、金井及周边胡同人口的 40%，约 300 人走进微展厅，进行了 30 个深度采访。方案集各家所长，从设计团队的“闭门论道”转变为多方参与的“社区营造”。图 5-3-3 为“同营家园，共投未来”方案征集专家会现场。

图 5-3-3　方案征集现场照片（组图）

（3）下“绣花功夫”做空间营造

关注居民实际需求，以小见大，细微处提升居民生活品质。胡同老龄化现象严重，作为胡同特色的台地空间制约了老年人的出行，因此优化居民出行，台阶和坡道更换为防滑材质，保证每个台地有一阶梯、一坡道、两扶手，并逐户对接，完成方案设计施工，目前已有 36 处居民出入口完成施工。

上斜街 79 号旁的公共卫生间，因为空间有限，扶手只能设置一侧，使用起来非常不便，因此设计将墙体缩短 0.6m，增加对侧扶手，方便居民使用。

关注居民种植需求，优化现状种植状况不佳的景观花池，为居民打造属于自己的专属小菜园。

最后以点带面，连点成线，“织补”公共空间节点，形成连续的胡同活动空间，营造一条积极、开放、富有活力的士乡文化历史长廊，一条绿色、温馨、安全舒适的百姓民居生活街道。

图 5-3-4　居民入户台地设计，保证每户有一阶梯、一坡道、两扶手，扶手栏杆均采用木质扶手，竖向考虑不同高度的使用需求，方便居民出行时抓取及靠扶

● 实景图片

居民入户台阶整治前

居民入户台阶整治后

图 5-3-5　居民入户台阶整治前后对比

立面整治前

立面整治后

图 5-3-6　立面整治前后对比图

通过考证历史建筑原有的建筑形制、立面风格，采用传统的工艺进行历史建筑的立面修缮，完整展示胡同的历史文化。

直隶官立中学整治前

直隶官立中学整治后

图 5-3-7　立面整治前后对比图

采用传统的工艺进行胡同立面修缮，呈现原汁原味的胡同风貌，完整展示胡同的历史文化。

台地整治前

台地整治后

图 5-3-8　台地整治前后对比图

台地整治前

设计方案逐户对接，依据居民需求优化出入口台阶设计，增加扶手，提升居民出行品质。

台地整治后

图 5-3-9　街道节点整治前后对比

三、专家点评

上斜街位于宣西—法源寺历史精华区，是北京新总规提出的十三片历史精华区之一，在助力首都文化中心建设中起到重要作用。胡同历史悠久，但沿线建筑多被违章建筑遮挡，丰富的历史价值难以展现；胡同功能复杂，除大量的民居外，还有多个学校、医院、幼儿园以及消防中队等驻地单位，胡同既要满足居民的日常生活，还要兼顾各职能单位的正常使用。设计团队首先对胡同进行了详细的调研和整体的规划设计，形成了历史风貌、交通市政、公共服务业态、产业发展等多个专项研究和项目库，并于 2019 年 12 月到 2022 年 6 月开展了胡同公共空间提升的工作。

本次胡同公共空间提升工作改变了以往以胡同外立面整治为主的更新模式，立足街区整体规划，以居民为核心，从胡同风貌、历史文化和百姓生活三个维度入手，系统组织公共空间，并利用沿街腾退院落、置入公服业态，提升居民生活品质。

本次方案设计呈现了“原汁原貌”的胡同传统风貌。设计团队提出的“主修缮、微更新”的适度改造原则，严格遵循现有规范，以减法为主，系统组织整体空间脉络，恢复原有的胡同尺度和建筑风貌，增加文化的温度，将文字转变为可触摸、可感知的胡同空间，擦亮老城金名片。

同时，方案切实关注百姓的实际需求，用细节勾勒生活，设计师全流程跟踪方案，在设计施工中随时接受各方意见，动态调整方案，形成一户一访谈，一户一设计。

值得一提的是，方案采用的是老城更新的共创实践，从以往聚焦建筑空间风貌的转变到关注人民生活品质提升，充分发挥社区、居民、专业团队的力量，开展广泛的公众参与，精细化地完成居民自治控制线划定，自组织模式激活胡同空间。

北京城市规划学会城市设计专委会秘书长　于灏

第六章

区域规划

深圳华润城（大冲旧村城市更新）

深圳梅林关城市更新（三期）

深圳华润城（大冲旧村城市更新）

一、项目信息

设计单位：（方案设计）华阳国际、Callison RTKL、深圳市城市规划设计研究院有限公司、Foster+Partners
（施工图设计）华阳国际
设计人员：薛升伟、田晓秋、符润红、吕桂、孔辉、陈柯、岑骞、高翔、程江、陈礼雄　等
业主单位：华润置地有限公司
项目时间：2007 年至今
项目面积：694600m^2（用地面积）、3800000m^2（建筑面积）
项目地点：广东省深圳市
摄　　影：邵峰、陈灿铭

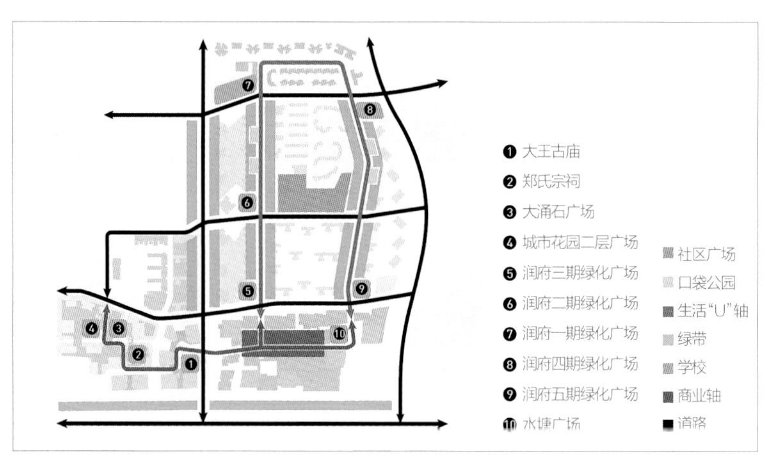

图 6-1-1　华润城公共空间网络规划图

二、项目说明

我们生活在城市，也不断定义着城市。在深圳华润城，长达十余年的综合开发，焕新的不仅仅是固化的建筑空间，更是生活方式的可能。

作为深圳大型综合类旧村改造的开创性项目，自 2007 年开始，我们有幸作为项目规划、设计及总协调方，全程参与其中。从概念设计、旧改专项规划、城市设计，到新城花园、城市花园、都市花园、大冲商务中心、过渡安置区、大冲大厦、润府的方案设计，以及万象天地、润玺，总计完成总建筑面积 300 万 m^2 的建筑规模。

在长达十五年的更新历程中，从大冲旧村到深圳华润城，从当年全国最大规模的城市更新，到首屈一指的城市人文综合体，设计一步步佐证了城市更新制度的探索与革新，政府与市场力量的成功协作，城市的焕新与美好生活的跃迁。

● 多元复合的旧村更新策略

更新策略充分利用项目区位优势，紧密联系周边环境，不遗余力地保留村落的历史文脉与空间记忆，并赋予其新的内涵与功能。同时，通过多元复合功能的创新组合，均衡品质下的人居环境营造以及公共空间网络的有机联系，重塑极具品质的城市聚落。

从深南大道进入铜鼓路，规划布局依次排开。以科发路为界，南为办公、商业、艺术多种功能组团，临地铁站及主干路深南大道布置；北为居住组团，隐于地块腹地后半段。从商务中心组团多方向打通的便捷路网、万象天地漫步式的城市创作空间概念，到居住组团间活动节点的打造，规划在延续旧村道路系统的同时，将不同功能的场所需求融入城市空间设计，为邻近的高新区及周边地区提供城市全面升级的综合服务功能。

● 重塑城市公共空间脉络

经历历史更迭的大冲，依然保有居民日常生活的空间线索和具有历史风貌的建筑，具备被传承和发扬的必要。因此，新大冲规划保留了以郑氏宗祠、大王古庙、水塘为核心的重要村落文化记忆，在原有大冲历史道路辗转开合的基础上，设计一个倒“U”字形的步行系统为空间序列，将文脉肌理

图 6-1-2　沿深南路展开的城市界面

图 6-1-3　润府一期

图 6-1-4　深圳华润城全景

及新建筑群体进行有机连接。

大王古庙面向铜鼓路，保留于回迁区商务中心的重要节点上。核心办公区围绕着大王古庙打造，并在古庙西侧设置下沉广场与地铁通道直接连通。大冲商务中心减少了首层的商业用途，与架空的首层打通深南路侧与内部广场的联系，形成贯通的城市开放空间。“旧村与海”的记忆，在以玻璃幕墙与金属等现代建筑手法的对比下，融入人们对生活的想象。

在延续历史空间脉络的同时，由传统街道空间和原有街道路网形式发展而来的规划理念，在生机勃勃的商业系统和多功能的空间环境中，建立了一套由细致街区路网组成的城市空间体系，也为

深圳创造了一个兼具“工作、生活、娱乐”的复合型现代都市空间。

● Mall+ 街区，商业与公共空间有机结合

作为深圳华润城的商业核心，万象天地开创性地采用“Mall+ 街区”的空间形态，地块内部设置了 High street、Park way 和 Boulevard 三种尺度各异、街景特色不同的道路网络。设计创新组合了集中式、街区式、院落式商业等各种形态，打造兼具人文、艺术、商业特色的“漫步式城市创作空间”，以情景式商业、社交消费、人文体验的高度复合，为深圳开启了创新的商业格局。

此外，设计需要在 6 万多 m^2 的回迁区布置 634 个铺位，落实回

图 6-1-5　大王古庙

迁诉求。面对挑战，我们将万象天地高街的商业轴延续至回迁出租区里，将商业与华润城公共空间有机结合，并通过人行天桥、连廊、下沉广场等多处交通便道的设置，与周边街区连接，带动整个回迁商业的活力。城中村过去的鲜活、小尺度、多样化、高密度都在这里得到延续，张弛有度的城市公共空间，同时容纳了潮流的气息与历史的鲜活。

三、专家点评

深圳，作为当代中国城市的典型代表，城市更新贯穿城市生长的全过程，也全面见证和反映了城市生活的剧变和经济发展的奇迹。大冲旧村作为深圳乃至全国最大的旧改项目之一，是“中国式城市更新”的现象级个案。从 1998 年纳入旧改计划到 2017 年万象天地开业，从大冲村到华润城，跨越 20 年的先行探索与更新重建，展示了深圳城市更新过程中复杂的利益博弈和漫长的谈判、协调与滚动更新的过程。

大冲旧村总用地面积 69.46 公顷（694600m^2），蕴含着复杂的土地权属与利益关系。从 1998 年被深圳市政府纳入旧改计划至 2011 年开始全面建设，项目走走停停，足见其艰难。面对艰难局面，“设计”一步步佐证了土地制度的探索与革新、政府与市场力量的成功协作，也亲身见证了利益的博弈与生活的变迁。

从技术层面来看，大冲村改造在文化遗产传承、城市功能复合、街道场所打造和城市天际线设计等方面，进行了一系列探索和创新。从制度层面上，在政策规范尚未成型的背景下，大冲旧村因其超大的规模，错综复杂的土地历史问题，改造主体多元化以及相当的示范性，成为深圳市城市更新探索的样本。

2005 年，大冲正式确立拆除重建的改造模式，确定了华润与政府、股份公司合作作为开发主体，并于 2007 年与大冲股份公司签订大冲旧村改造合作意向书，确定“政府主导 + 开发商运作 + 股份公司参与”的开发模式，也是深圳首个实施这一开发模式的更新项目，将为政策制定、组织实施和产业升级等，探索顺利推进城

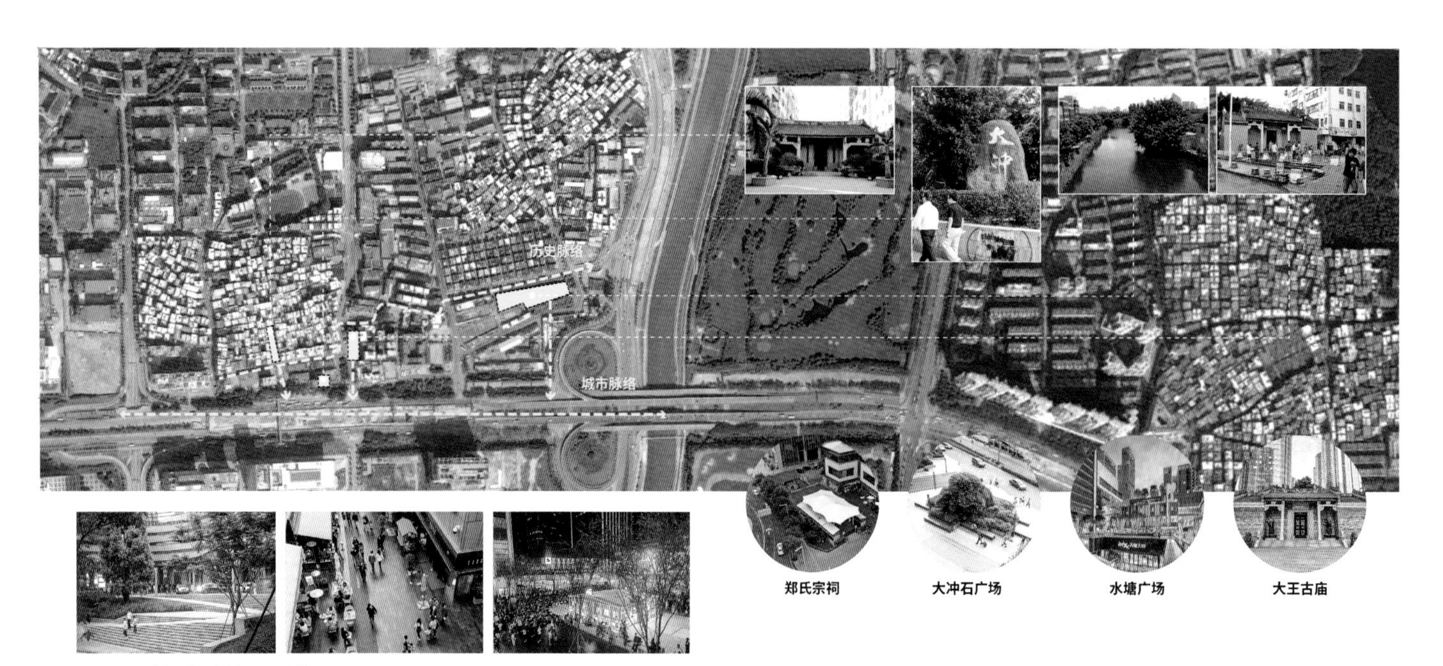

图 6-1-6　旧村更新中的历史脉络

图 6-1-7　回迁出租区鸟瞰图

中村更新的系统路径。

2007 年，华润根据当时新的规划设计条件，开展了大冲旧改项目整体概念规划国际咨询，并选中了 Callison RTKL 与华阳国际联合设计的方案。随着建筑设计这一技术团队的介入，规划有了细致的经济测算。与此同时，“设计”这个角色为政府、村民和市场主体间的利益博弈构建了一个平台，在各种纷杂的利益均衡节点上，提供多种可能的解决方案，平衡兼顾多方的利益诉求，也在实施过程中与“政策”进行相互补充和转化。

对当下的城市价值而言，从大冲村到华润城，不是简单的物理空间的增加和改变，而是在复杂的城市历史冲突中实现融合，在融合中实现共赢。深南大道两侧的形象冲突和城市既有环境的冲突构成了城市更新的动因，产城融合、草根文化与精英文化的融合、消费与产业的融合是开发设定的重要目标，至于共赢则表现在动迁利益、开发利益、公共体验、深圳城市精神的共同实现。

中国城市规划设计研究院深圳分院
副院长　王泽坚

图6-1-8　夜景鸟瞰

TCL

深圳梅林关城市更新（三期）

一、项目信息

设计单位： 华阳国际
设计人员： 薛升伟、田晓秋、马奕鸣、何树周、肖睿、苏哲、唐晓曦、沈牧阳、罗润桦、吕永康 等
业主单位： 深圳国际控股有限公司、万科企业股份有限公司
项目时间： 2017 年至今
项目面积： 47395m^2（用地面积）、446914m^2（建筑面积）
项目地点： 广东省深圳市

二、项目说明

“二线关”，深圳经济特区建设的历史见证，也是将城市发展人为割裂的巨大鸿沟。过去，特区内是高楼林立的现代城市，特区外则是非城、非村的城乡接合部。

特区一体化之后，深圳未来城市发展构架将重点沿西、中、东三条轴线向北拓展，大力推进原特区外发展。2019 年最新版《深圳市城市总体规划 (2016—2035 年)》出台，文件里龙华首次被官方纳入深圳的城市中心体系，与大前海中心、福田—罗湖中心共同构成未来 15 年深圳市重点建设发展的“都市核心区”。

在城市格局变化的时代背景下，龙华与福田的边界正在消失。这个边界，首当其冲的必然是扼守关口——交通四通八达的梅林关。作为过去“二线关”的咽喉要道，这里曾是深圳早晚高峰最拥堵的地方。

随着地铁龙华线和深圳北站开通，作为深圳龙华区的南部门户，梅林关更新不仅需要改变割裂城市的“关口”旧貌，更承载着改变深圳城市核心单向西发展的格局，整合区域资源，构建及拓展深圳北中心区域城市中心服务体系的发展目标。

本更新单元位于龙华民治地区的南部，作为承接特区功能外溢的第一站，区域交通支撑能力较强，但是地块内部的可达性较差。片区周边的生态环境良好，但片区内

图 6-2-1　梅林关改造前（图片来源：深圳交委）

厂房林立、布局混乱，环境与产业有待提升。城市更新的首要之义，不仅是交通上的改造，更在于如何以点带面，在整个片区塑造新的影响力。

项目分三期开发：一期、二期充分利用城市生态资源优势，布局以住区为主。位于原关口的三期地块则充分发挥门户区位优势及立体交通资源优势，布局一栋 200m 高的地标办公塔楼、三栋超高层住宅、两栋公寓及 3 万 m^2 综合商业步行区等多元业态，打造城市核心区高密度混合的城市综合体。

● 引擎：双轨 TOD 下的城市更新

城市规模越发膨胀，复杂的城市需求和有限的城市空间，使得 TOD 成为城市综合体的当红趋势。设计过程中，政府规划新增两条地铁，其中 22

号线贯穿深圳东西南北，承担福田中心区对龙华和东莞等地的辐射、带动效应。

基于此，设计希望充分发挥 TOD 优势，以双轨为基点，将交通枢纽与周边高效连通，打造紧密联系、功能互补的多元复合社区，有效提高周边土地的利用效益，促进地上和地下空间的充分利用，形成高密度、高能量场的聚散地，打造深圳北片区最大的城市轨道交通一体化混合社区。

作为依托地铁的典型 TOD 项目，项目通过对交通流线的梳理与片区布局的重建，采用“双地铁”“双首层”“商业内外活力”“城市南北双广场”“社区双提升大堂”等设计概念。一条 24 小时运行的公共通道，连接南北双

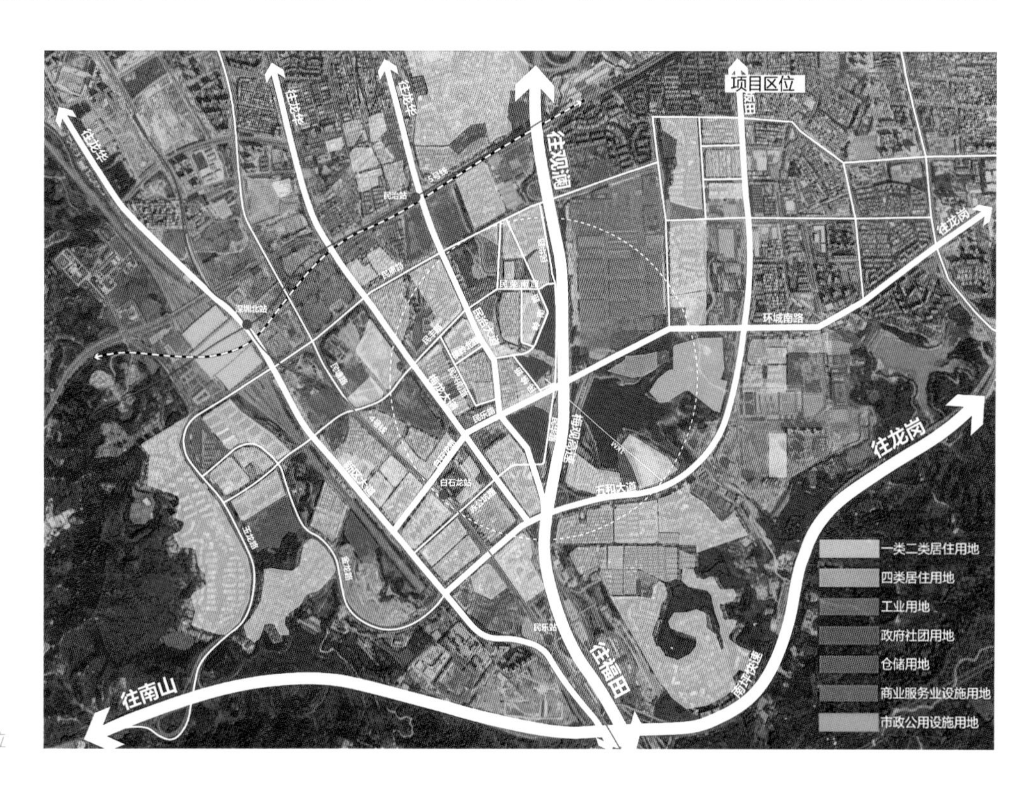

图 6-2-2　分析图：项目区位

图 6-2-3　在建实景照

图 6-2-4　深圳梅林关城市更新三期鸟瞰效果图

深國際

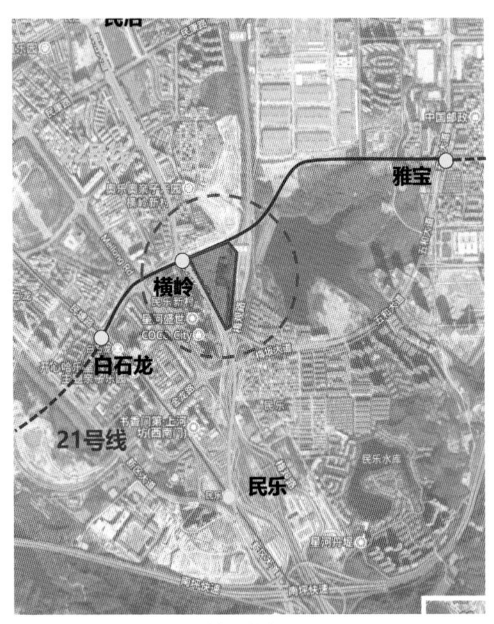

规划横岭站位于项目用地西北角

公寓塔楼结构避让轨道线及联络线

图 6-2-5　分析图：地铁规划示意图

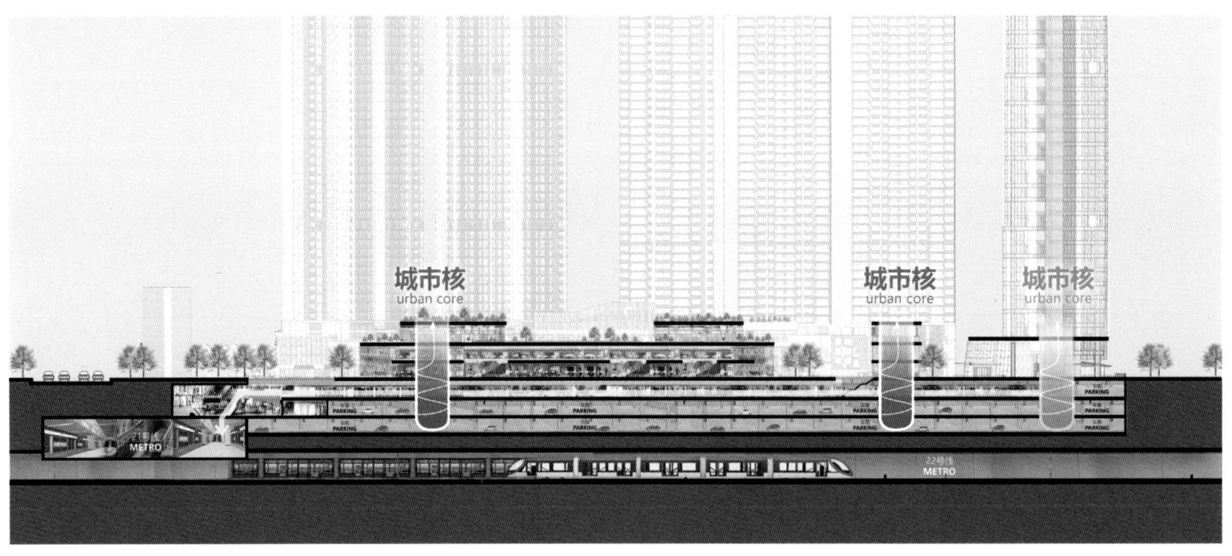

图 6-2-6　分析图：立体交通剖面示意图

广场，形成交通核、公交场站、地铁等重要节点，打造地上、地下商业双动线，并自然形成室内、室外双动线。南北交通核及办公核均向社会开放，成为住宅和公寓的形象入口，通过平面网络与竖向空间的整合，步行网络兼具了休憩、逗留和聚集的功能，而从地铁方向来的办公人流将进一步带动商业活力。

● 复合：功能混合的“乐活”社区

结合深圳北片区的区位优势，设计引入最贴近生活本源的“乐活”态度，将 TOD 与社区紧密联系。通过分散设置退台、下沉等公共空间节点，营造多首层、高价值的垂直空间，同时以商业为载体积聚人气，整合居住、办公三大功能，结合餐饮、运动、教育、休闲等业态打造复合生态社区。

我们根据项目周边业态，合理规划内部产品，使其与外部相互补充、相互完善，为城市营造呼吸之地，以一种可持续的生活方式，将曾经割裂城市的“关口”塑造为最具活力和未来感的城市生活枢纽。

住宅产品完成了“万科梦享家”2.0 至 3.0 的迭代，公寓则在有限条件下设计出均好户型。立面设计大胆结合万科的标准化立面节点，并融合项目独特的设计语言与立面线条，实现了整体而又有细节的塔楼立面效果。同时，提升大堂作为小区主要人行出入口，塑造简洁且拥有品质感的立面门户。

如今，历经精细化打磨，项目展示区于近日顺利开放，以精工细作为深圳北片区的城市建设留下精彩的一笔，而我们在 TOD、城市更新领域也将持续探索更全面的解决方案。

图 6-2-7　活力商业效果图

图 6-2-8　沿街商业及社区空间

图 6-2-9　地标办公楼

图 6-2-10　首层车库落客区

三、专家点评

“二线关”曾经是中国特定历史时期下的边境管理区域线，也是深圳特区发展过程中的印记。深圳经济特区成立后，为了更好地管理特区，防止大量新居民涌入，于 1982 年在东起小梅沙、西至宝安的南头安乐村之间，开始架设一条长达 84.6km、高 2.8m 的防线，也就是人们俗称的“二线关”。

深圳在这一特殊管理线的作用下，经历了原特区内外不同的变化。随着改革开放的不断深入和特区经济的快速发展，原特区内区域全面实现城市化，且建设容量逐渐饱和。自 2005 年以后，原特区外区域也实现了全面城市化，整个深圳纳入一体化发展进程。

至此，撤销“二线关”的呼声渐涨。管理的混乱导致关内外城市肌理产生巨大差异、居民出现心理隔阂，以及交通拥堵、妨碍城市一体化等问题，这些都成了撤销“二线关”的真实理由。

2010 年，“国务院关于扩大深圳经济特区范围的批复”发布，随后，深圳市政府正式发布《深圳经济特区一体化发展总体思路和工作方案》，拉开了特区一体化下的“大深圳”建设，也正式宣告“二线关”淡出历史舞台。

2015 年，深圳“二线关”交通综合改善工程启动，梅林关检查站车检通道及相关设施拆除、路面恢复。正是在这样的时代背景下，位居“福田—深圳北站”双核中轴的梅林关更新单元列入 2015 年深圳市第一批计划中。

更新地块位于梅观高速公路与民治大道之间，民乐路横贯其中，三个地块相对分散，且置于边界处的不规则空间。三期原本定位为青年社群的刚需社区，但随着设计过程中轨道交通线路的增加，我们最终看到的设计方案动态的演化为以 TOD 开发为导向的、城市轨道交通一体化的综合社区。

设计从城市发展走向、市场需求与变化着手，规划出一座集城市地标办公酒店、大型高端购物中心及高档都市生态住区为一体的都市地标核心体系，以丰富的空间层次打破场地局限，容纳更多城市公共文化空间；以双轨交为基点，高效连通，与周边的城市肌理形成弹性关系，进而让曾经被“关口”和现有快速路割裂的边界地块，释放出更多的城市活力。

建成后，这里不仅是龙华区最大的城市轨道交通一体化节点之一，也将成为深圳北的城市展示名片。未来，福田与龙华之间再无“关”的概念。

中国城市规划设计研究院深圳分院
副院长　王泽坚

致　谢

城屿演新微信平台关注城市及其周边区域在发展过程中的不断演变和更新，专注于对未来城市发展更优、更适宜的理想演绎。作为本书的策划、出品方，城屿演新对书中作品的创作设计方的创意巧思和专业精神致以最由衷的敬意，感谢以下各家优秀的设计品牌、机构在本书出版过程中给予的大力支持，并希冀通过本次出版，共同为城市的更新发展进程提供助力和启示。

AICO
AIM 亚美设计
CallisonRTKL
EID Architecture
Gensler
IPD 澳洲艺普得
PHA 湃昂
TIANHUA 天华
UCA 优思建筑
奥雅股份
北京云翔建筑设计有限公司
汉森伯盛国际设计集团
华通设计顾问工程有限公司
华阳国际
上海秉仁建筑师事务所（普通合伙）
上海中森建筑与工程设计顾问有限公司
五贝设计
英国 BDP
域道设计
AAD 重庆长厦安基工程设计有限公司

特约编辑（以拼音排序）
姜兰英、金春、李漠、李影、廖露辉、柳世豪、牛玲、王欣、肖峰、袁铨、张凯宜、张依然、赵可、庄瑶

我们诚挚感谢各位专家老师给予本书出版的帮助，他们为作品提供了精彩的点评，专业的评论为图书增色良多。以下专家人员名单以书中出现顺序列出：

美国建筑师学会上海北京分会 2022 年主席　朱凯（Kathy Zhu-Schleiss）
天华集团董事、总建筑师　黄向明
东南大学建筑学院副教授、副院长　朱渊 博士
天华集团副总建筑师、上海天华执行总建筑师　吴欣　李仲亮
戴德梁行项目管理服务部中国区主管　侍大卫
高力国际华东区咨询服务董事　刘行
高力国际中国区董事、总经理　邓懿君
柏涛建筑设计（深圳）有限公司首席建筑师、深圳盐田城市更新平台专家　赵晓东
上海建筑设计研究院有限公司城市更新院院长、总建筑师、正高级工程师　邹勋
基准方中建筑设计股份有限公司北京公司　胡海
当代置业（中国）有限公司执行董事首席技术官　陈音
ACR 安狮资产产业园投资董事、总经理　杨鹏
济南历下控股集团有限公司
清华大学建筑学院教授　韩孟臻
上海城投资产集团副总工程师　邬晓华
象上空间　陈龙
《建筑时报》主编　李武英
广州美术学院原副院长、广州美术学院学术委员会主席　赵健
世茂城市服务发展中心副总经理　朱琦
万科地产　周阁
清华大学建筑设计研究院有限公司副院长　刘玉龙
成都万科　贺英彪
广州大学建筑与城市规划学院副教授　漆平
gad（浙江绿城建筑设计有限公司）合伙人、教授级高级工程师、享受国务院特殊津贴专家　方晔
同济大学建筑与城市规划学院教授、博士，同济大学国家现代化研究院城市更新中心主任　徐磊青
同济大学建筑与城市规划学院景观学系副教授、博士生导师　董楠楠
上海城投资产集团副总工程师　邬晓华
同济大学建筑系常务主任　王一 博士
原上海市闸北区规划和土地管理局总规划师　廖志强
北京城市规划学会城市设计专委会秘书长　于灏
中国城市规划设计研究院深圳分院副院长　王泽坚

作者简介

城屿演新是以城市更新作为研究范畴的前瞻性、全角度专业媒体平台。作为专业领域的新媒体，以“城屿演新”网站和“城屿演新”微信公众号、小程序、直播等不同媒介形式展示优秀的城市更新和再生案例，探寻中国城市更新发展模式，为城市更新和再生领域的各专业人士提供一个优质的交流和互动契机。每年主办的“REARD 城市更新文化季”主题沙龙和每年一届的“REARD 城市更新设计奖”成为优秀设计师展示城市更新卓越设计能力的重要平台，从多个维度和层面共同助力中国城市更新的发展进程。

图书在版编目（CIP）数据

城市更新优秀设计案例与评析 = Best of Urban Renewal——Design and Analysis / 城屿演新编著 .— 北京：中国建筑工业出版社，2022.9
ISBN 978-7-112-27965-4

Ⅰ.①城… Ⅱ.①城… Ⅲ.①城市规划—建筑设计—案例 Ⅳ.① TU984

中国版本图书馆CIP数据核字（2022）第174364号

责任编辑：李成成
责任校对：孙　莹

封面图片：东台图书馆综合体改造项目 /AAD 长厦安基—上海和睿设计作品（摄影：是然建筑摄影）

城市更新优秀设计案例与评析
Best of Urban Renewal——Design and Analysis
城屿演新　编著
*
中国建筑工业出版社出版、发行（北京海淀三里河路 9 号）
各地新华书店、建筑书店经销
北京海视强森文化传媒有限公司制版
当纳利（广东）印务有限公司印刷
*
开本：880 毫米 × 1230 毫米　1/16　印张：13¾　字数：547 千字
2022 年 11 月第一版　　2022 年 11 月第一次印刷
定价：**207.00** 元
ISBN 978-7-112-27965-4
（39904）